초ㅋ 교과서 달달 풀기

바른 답

07 천을 알아볼까요

개념 확인하기

7쪽

1 1000 **2** 1000 / 1000

교과서 따라 풀기

1 수 모형을 보고 □ 안에 알맞은 수나 말을 써넣으세요.

990보다 10만큼 더 큰 수는 1000 이고, 천 (이)라고 읽습니다.

2 □ 안에 알맞은 수를 써넣으세요.

(1) 994 995 996 997 998 999 1000

(2) 940 950 960 970 980 990 1000

3 그림을 보고 □ 안에 알맞은 수를 써넣으세요.

100 200 300 400 500 600 700 800 900 1000

(1) 1000은 800보다 200 만큼 더 큰 수입니다.

(2) 600보다 400 만큼 더 큰 수는 1000입니다.

4 세 친구 중에서 다른 수를 말한 친구를 찾아 이름을 써 보세요.

> 900보다 100만큼 더 큰 수야.

> 100이 10개인 수야.

> 998보다 1만큼 더 큰 수야.

수호   유미   건우

(건우)

5 더하여 1000이 되도록 왼쪽과 오른쪽을 이어 보세요.

500

800

300

8 교과서 달달 풀기 2-2

1. 네 자리 수 9

교과서 따라 풀기

4 수호: 1000
유미: 1000
건우: 999

5 · 200은 800이 더 있어야 1000이 됩니다.
· 500은 500이 더 있어야 1000이 됩니다.
· 700은 300이 더 있어야 1000이 됩니다.

실력 키우기

1 100원짜리 동전 10개를 묶으면 100원짜리 동전 4개가 남습니다.
따라서 남는 동전은 400원입니다.

2 100원짜리 동전 7개는 700원이고, 10원짜리 동전 10개는 100원이므로 책상 위에 놓여 있는 동전은 모두 800원입니다.
따라서 200원이 더 있어야 합니다.

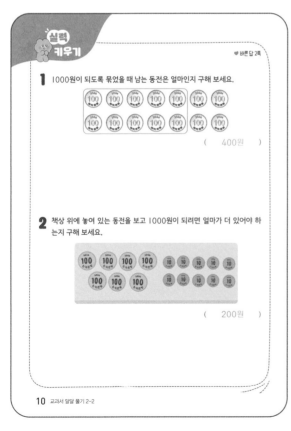

실력 키우기

1 1000원이 되도록 묶었을 때 남는 동전은 얼마인지 구해 보세요.

(400원)

2 책상 위에 놓여 있는 동전을 보고 1000원이 되려면 얼마가 더 있어야 하는지 구해 보세요.

(200원)

10 교과서 달달 풀기 2-2

02 몇천을 알아볼까요

개념 확인하기

11쪽

1 5000 **2** 예 (1000)(1000)(1000)(1000)(1000)(1000)(1000)(1000)(1000)(1000)

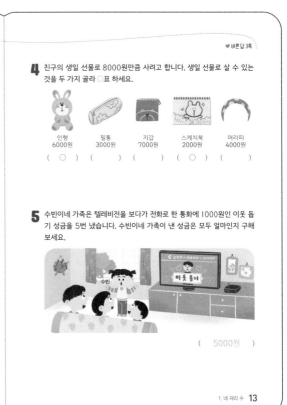

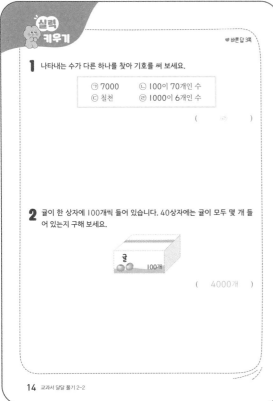

교과서 따라 풀기

4 친구의 생일 선물로 인형과 스케치북을 사면 8000원입니다.

5 1000이 5개이면 5000입니다.
따라서 수빈이네 가족이 낸 성금은 모두 5000원입니다.

실력 키우기

1 ㉠ 7000　　㉡ 7000
㉢ 7000　　㉣ 6000
따라서 나타내는 수가 다른 하나는 ㉣입니다.

2 100이 40개이면 4000입니다.
따라서 40상자에는 귤이 모두 4000개 들어 있습니다.

03 네 자리 수를 알아볼까요

15쪽

1 (위에서부터) 2, 7, 4 / 1274   **2** (1) 오천삼백이십육   (2) 칠천사백십팔

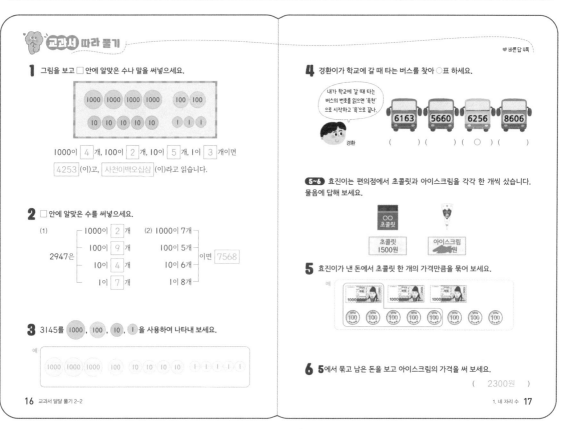

🐘 **교과서 따라 풀기**

1 그림을 보고 □ 안에 알맞은 수나 말을 써넣으세요.

| 1000 1000 1000 1000 | 100 100 |
| 10 10 10 10 10 | 1 1 1 |

1000이 **4** 개, 100이 **2** 개, 10이 **5** 개, 1이 **3** 개이면 **4253** (이)고, **사천이백오십삼** (이)라고 읽습니다.

2 □ 안에 알맞은 수를 써넣으세요.

(1) 2947은
- 1000이 **2** 개
- 100이 **9** 개
- 10이 **4** 개
- 1이 **7** 개

(2)
- 1000이 7개
- 100이 5개
- 10이 6개
- 1이 8개
이면 **7568**

3 3145를 1000, 100, 10, 1 을 사용하여 나타내 보세요.

예
1000 1000 1000 100 10 10 10 10 1 1 1 1 1

16 교과서 달달 풀기 2-2

💙 바른답 4쪽

4 경환이가 학교에 갈 때 타는 버스를 찾아 ○표 하세요.

> 내가 학교에 갈 때 타는 버스의 번호를 읽으면 '육천'으로 시작하고 '육'으로 끝나.
> 경환

6163 ( ) 5660 ( ) 6256 (○) 8606 ( )

5~6 효진이는 편의점에서 초콜릿과 아이스크림을 각각 한 개씩 샀습니다. 물음에 답해 보세요.

초콜릿 1500원   아이스크림 □원

5 효진이가 낸 돈에서 초콜릿 한 개의 가격만큼을 묶어 보세요.

예
1000 1000 1000
100 100 100 100 100 100 100 100 100

6 5에서 묶고 남은 돈을 보고 아이스크림의 가격을 써 보세요.

(2300원)

1. 네 자리 수 **17**

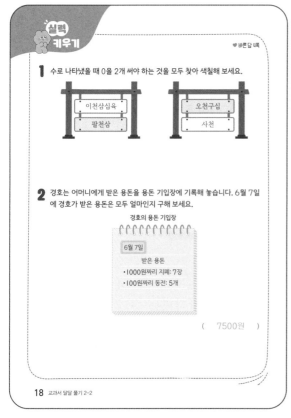

🔵 **실력 키우기**

💙 바른답 4쪽

1 수로 나타냈을 때 0을 2개 써야 하는 것을 모두 찾아 색칠해 보세요.

| 이천삼십육 | 오천구십 |
| 팔천삼 | 사천 |

2 경호는 어머니에게 받은 용돈을 용돈 기입장에 기록해 놓습니다. 6월 7일에 경호가 받은 용돈은 모두 얼마인지 구해 보세요.

경호의 용돈 기입장

> **6월 7일**
> 받은 용돈
> •1000원짜리 지폐: 7장
> •100원짜리 동전: 5개

(7500원)

18 교과서 달달 풀기 2-2

🔵 **교과서 따라 풀기**

4 육천으로 시작하는 수는 6163과 6256입니다. 이 중에서 육으로 끝나는 수는 6256입니다.

6 초콜릿의 가격만큼 묶었을 때 묶고 남은 돈이 아이스크림의 가격입니다. ➡ 2300원

🔵 **실력 키우기**

1 • 이천삼십육 ➡ 2036(1개)
   • 팔천삼 ➡ 8003(2개)
   • 오천구십 ➡ 5090(2개)
   • 사천 ➡ 4000(3개)

2 1000원짜리 지폐 7장은 7000원, 100원짜리 동전 5개는 500원입니다.
   ➡ 경호가 받은 용돈: 7500원

4 교과서 달달 풀기 2-2

04 각 자리의 숫자는 얼마를 나타낼까요

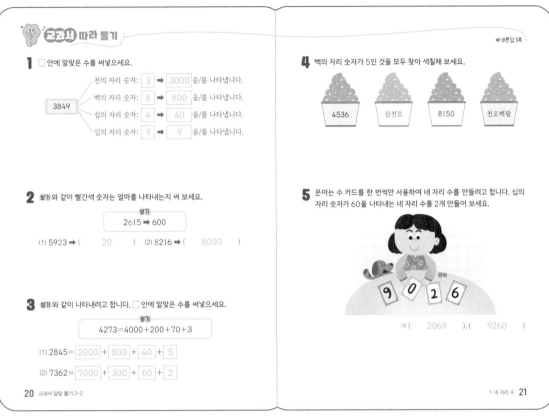

교과서 따라 풀기

바른답 5쪽

1 ☐ 안에 알맞은 수를 써넣으세요.

3849

천의 자리 숫자: 3 ➡ 3000 을/를 나타냅니다.
백의 자리 숫자: 8 ➡ 800 을/를 나타냅니다.
십의 자리 숫자: 4 ➡ 40 을/를 나타냅니다.
일의 자리 숫자: 9 ➡ 9 을/를 나타냅니다.

2 보기 와 같이 빨간색 숫자는 얼마를 나타내는지 써 보세요.

보기
2615 ➡ 600

(1) 5923 ➡ (20)   (2) 8216 ➡ (8000)

3 보기 와 같이 나타내려고 합니다. ☐ 안에 알맞은 수를 써넣으세요.

보기
4273 = 4000 + 200 + 70 + 3

(1) 2845 = 2000 + 800 + 40 + 5

(2) 7362 = 7000 + 300 + 60 + 2

4 백의 자리 숫자가 5인 것을 모두 찾아 색칠해 보세요.

4536   삼천오   8150   천오백팔

5 온아는 수 카드를 한 번씩만 사용하여 네 자리 수를 만들려고 합니다. 십의 자리 숫자가 60을 나타내는 네 자리 수를 2개 만들어 보세요.

9 0 2 6

에 (2069), (9260)

20 교과서 달달 풀기 2-2

1. 네 자리 수 21

실력 키우기

바른답 5쪽

1 숫자 4가 나타내는 값이 가장 큰 수에 ○표, 가장 작은 수에 △표 하세요.

9154   2417   4069   7543
(△)   (   )   (○)   (   )

2 공에 적힌 수를 한 번씩만 사용하여 네 자리 수를 만들려고 합니다. 천의 자리 숫자가 8, 십의 자리 숫자가 3인 네 자리 수를 모두 만들어 보세요.

5 3 7 8

(8537), (8735)

22 교과서 달달 풀기 2-2

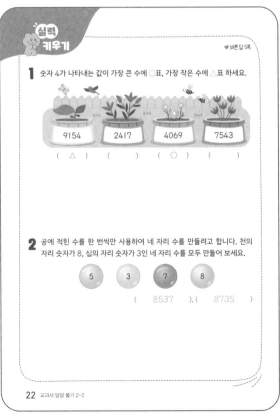

교과서 따라 풀기

4 · 4536   · 삼천오 ➡ 3005
   · 8150   · 천오백팔 ➡ 1508

5 천의 자리에는 0을 쓸 수 없으므로 십의 자리 숫자가 60을 나타내는 네 자리 수는 2069, 2960, 9062, 9260입니다.

실력 키우기

1 숫자 4가 4000을 나타내는 수인 4069 가 가장 크고, 4를 나타내는 수인 9154가 가장 작습니다.

2 천의 자리 숫자가 8, 십의 자리 숫자가 3 인 네 자리 수는 나머지 수인 7과 5를 백의 자리와 일의 자리에 번갈아 놓은 8537, 8735입니다.

05 뛰어 세어 볼까요

개념 확인하기

23쪽

1 (1) 천에 ○표 / 1000에 ◯표   (2) 백에 ◯표 / 100에 ◯표

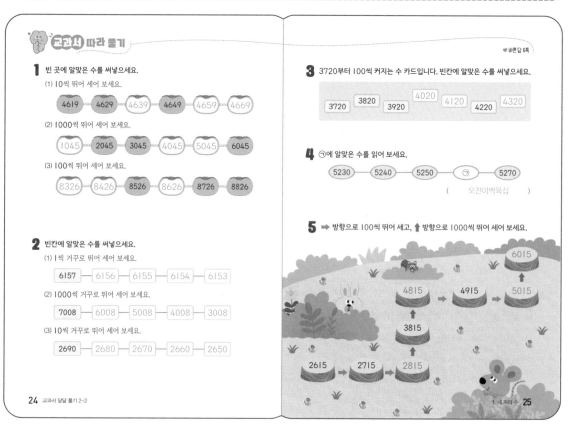

교과서 따라 풀기

♥ 바른답 6쪽

1 빈 곳에 알맞은 수를 써넣으세요.

(1) 10씩 뛰어 세어 보세요.

4619 — 4629 — 4639 — 4649 — 4659 — 4669

(2) 1000씩 뛰어 세어 보세요.

1045 — 2045 — 3045 — 4045 — 5045 — 6045

(3) 100씩 뛰어 세어 보세요.

8326 — 8426 — 8526 — 8626 — 8726 — 8826

2 빈칸에 알맞은 수를 써넣으세요.

(1) 1씩 거꾸로 뛰어 세어 보세요.

6157 — 6156 — 6155 — 6154 — 6153

(2) 1000씩 거꾸로 뛰어 세어 보세요.

7008 — 6008 — 5008 — 4008 — 3008

(3) 10씩 거꾸로 뛰어 세어 보세요.

2690 — 2680 — 2670 — 2660 — 2650

3 3720부터 100씩 커지는 수 카드입니다. 빈칸에 알맞은 수를 써넣으세요.

3720 3820 3920 4020 4120 4220 4320

4 ㉠에 알맞은 수를 읽어 보세요.

5230 — 5240 — 5250 — ㉠ — 5270

(오천이백육십)

5 ➡ 방향으로 100씩 뛰어 세고, ⬆ 방향으로 1000씩 뛰어 세어 보세요.

24 교과서 달달 풀기 2-2

1. 네 자리 수 25

실력 키우기

♥ 바른답 6쪽

1 지우개 1개는 500원입니다. 다혜가 받은 용돈으로 지우개를 몇 개까지 살 수 있는지 구해 보세요.

용돈을 2000원 받았어.

다혜

(4개)

2 영현이가 말한 수에서 1000씩 4번 뛰어 센 수를 구해 보세요.

100이 16개인 수

영현

(5600)

26 교과서 달달 풀기 2-2

교과서 따라 풀기

3 100씩 커지므로 100씩 뛰어 세어 봅니다.

4 십의 자리 수가 1씩 커지므로 10씩 뛰어 센 것입니다.
따라서 ㉠에 알맞은 수는 5260이므로 오천이백육십이라고 읽습니다.

실력 키우기

1 500 — 1000 — 1500 — 2000
　　1개　　2개　　3개　　4개
따라서 지우개를 4개까지 살 수 있습니다.

2 100이 16개인 수는 1600입니다.
➡ 1600 — 2600 — 3600 — 4600 — 5600

6 교과서 달달 풀기 2-2

06 수의 크기를 비교해 볼까요

개념 확인하기

1 큽니다에 ◯표   **2** (1) < / <   (2) > / >

교과서 따라 풀기

1 빈칸에 알맞은 수를 써넣고, 두 수의 크기를 비교하여 ◯ 안에 >, =, <를 알맞게 써넣으세요.

	천의 자리	백의 자리	십의 자리	일의 자리
5248 ➡	5	2	4	8
5271 ➡	5	2	7	1

5248 < 5271

2 두 수의 크기를 비교하여 ◯ 안에 >, =, <를 알맞게 써넣으세요.

(1) 2360 < 3150   (2) 6743 > 6692

(3) 5070 > 5007   (4) 4826 < 4829

3 수의 크기를 비교하여 가장 작은 수를 찾아 ◯표 하세요.

(1)
3249 2540 2531

(2)
5723 (5486) 6218

28 교과서 달달 풀기 2-2

---

4 학교에서 유하네 집과 진호네 집 중에서 어느 곳이 더 먼지 써 보세요.

학교
8250 cm   8620 cm
유하네 집   진호네 집

(진호네 집)

5 컵에 적힌 수를 한 번씩만 사용하여 네 자리 수를 만들려고 합니다. 만들 수 있는 네 자리 수 중에서 가장 큰 수와 가장 작은 수를 각각 구해 보세요.

4 1 0 7

가장 큰 수 (7410)
가장 작은 수 (1047)

6 1부터 9까지의 수 중에서 ☐ 안에 들어갈 수 있는 수를 모두 찾아 써 보세요.

4☐65<4327

(1, 2)

실력 키우기

1 더 작은 수를 말한 친구의 이름을 써 보세요.

육천오십사

1000이 6개,
10이 4개인 수

현아   민석

(민석)

2 수 카드 4장을 한 번씩만 사용하여 백의 자리 숫자가 5인 가장 큰 네 자리 수를 만들어 보세요.

8 2 5 9

(9582)

30 교과서 달달 풀기 2-2

교과서 따라 풀기

6 천의 자리 수가 같고 십의 자리 수를 비교하면 6>2이므로 ☐ 안에는 3보다 작은 수가 들어가야 합니다.
➡ ☐ 안에 들어갈 수 있는 수: 1, 2

실력 키우기

1 현아: 육천오십사 ➡ 6054
민석: 1000이 6개, 10이 4개인 수
➡ 6040

2 백의 자리 숫자가 5인 네 자리 수를 ☐5☐☐라 하고 남은 수 8, 2, 9를 큰 수부터 차례대로 천의 자리, 십의 자리, 일의 자리에 써넣습니다.
따라서 9>8>2이므로 백의 자리 숫자가 5인 가장 큰 네 자리 수는 9582입니다.

단원 마무리하기

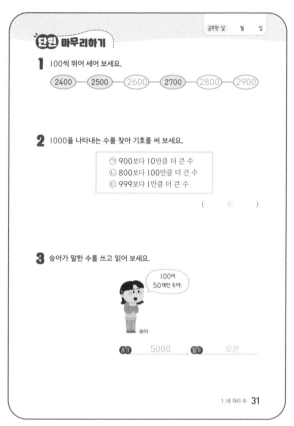

2 ㉠ 910 ㉡ 900 ㉢ 1000

6 1000원짜리 지폐 4장은 4000원이고, 100원짜리 동전 6개는 600원이므로 다영이가 낸 돈은 모두 4600원입니다.

7 5200−6200−7200−8200−9200
이므로 5월에 통장에 들어 있는 돈은 9200원이 됩니다.

8 1000이 2개이면 2000, 100이 16개이면 1600, 1이 9개이면 9입니다.
따라서 설명하는 수를 네 자리 수로 나타내면 3609입니다.

9 ㉠ 6000
㉡ 5420−5520−5620−5720
㉢ 5890
따라서 6000 > 5890 > 5720이므로 큰 수부터 차례대로 기호를 쓰면 ㉠, ㉢, ㉡입니다.

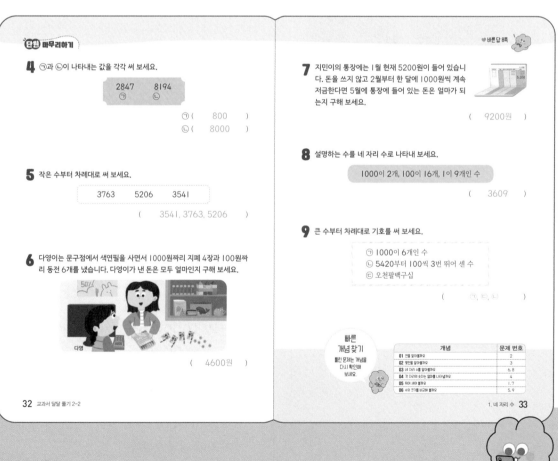

2단 곱셈구구를 알아볼까요

개념 확인하기

1 (1) 8 (2) 10 (3) 2

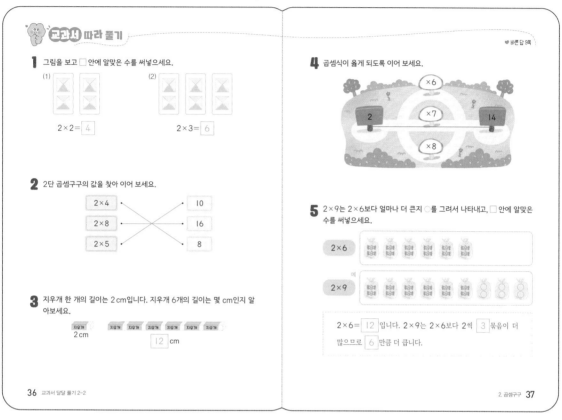

교과서 따라 풀기

♥ 바른 답 9쪽

1 그림을 보고 □ 안에 알맞은 수를 써넣으세요.

(1)
$2 \times 2 = 4$

(2)
$2 \times 3 = 6$

2 2단 곱셈구구의 값을 찾아 이어 보세요.

2×4 •   • 10
2×8 •   • 16
2×5 •   • 8

3 지우개 한 개의 길이는 2 cm입니다. 지우개 6개의 길이는 몇 cm인지 알아보세요.

2 cm

12 cm

4 곱셈식이 옳게 되도록 이어 보세요.

×6
2   ×7   14
×8

5 2×9는 2×6보다 얼마나 더 큰지 ○를 그려서 나타내고, □ 안에 알맞은 수를 써넣으세요.

2×6
2×9

$2 \times 6 = 12$ 입니다. 2×9는 2×6보다 2씩 3 묶음이 더 많으므로 6 만큼 더 큽니다.

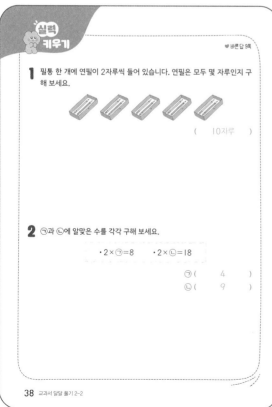

실력 키우기

♥ 바른 답 9쪽

1 필통 한 개에 연필이 2자루씩 들어 있습니다. 연필은 모두 몇 자루인지 구해 보세요.

(10자루)

2 ㉠과 ㉡에 알맞은 수를 각각 구해 보세요.

• 2×㉠=8   • 2×㉡=18

㉠ (4)
㉡ (9)

교과서 따라 풀기

2 2×4=8, 2×8=16, 2×5=10

3 길이가 2 cm인 지우개 6개의 길이는 2×6=12 (cm)입니다.

4 2×6=12, 2×7=14, 2×8=16

실력 키우기

1 연필이 2자루씩 필통 5개에 들어 있으므로 연필은 모두 2×5=10(자루)입니다.

2 • 2×4=8이므로 ㉠에 알맞은 수는 4입니다.
• 2×9=18이므로 ㉡에 알맞은 수는 9입니다.

02 5단 곱셈구구를 알아볼까요

개념 확인하기

39쪽

1 (1) 15 (2) 20 (3) 5

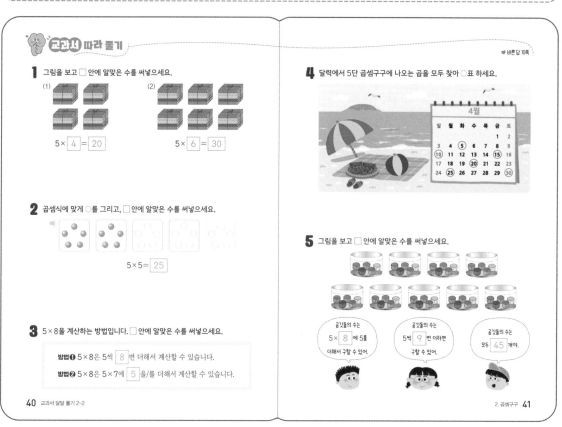

교과서 따라 풀기

1 그림을 보고 □ 안에 알맞은 수를 써넣으세요.

(1) 5 × 4 = 20

(2) 5 × 6 = 30

2 곱셈식에 맞게 ○를 그리고, □ 안에 알맞은 수를 써넣으세요.

5 × 5 = 25

3 5 × 8을 계산하는 방법입니다. □ 안에 알맞은 수를 써넣으세요.

방법① 5 × 8은 5씩 8 번 더해서 계산할 수 있습니다.

방법② 5 × 8은 5 × 7에 5 을/를 더해서 계산할 수 있습니다.

40 교과서 달달 풀기 2-2

💚 바른 답 10쪽

4 달력에서 5단 곱셈구구에 나오는 곱을 모두 찾아 ○표 하세요.

5 그림을 보고 □ 안에 알맞은 수를 써넣으세요.

공깃돌의 수는 5 × 8 에 5를 더해서 구할 수 있어.

공깃돌의 수는 5씩 9 번 더하면 구할 수 있어.

공깃돌의 수는 모두 45 개야.

2. 곱셈구구 41

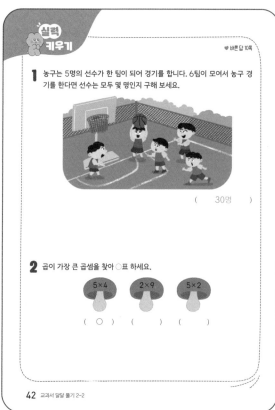

실력 키우기

💚 바른 답 10쪽

1 농구는 5명의 선수가 한 팀이 되어 경기를 합니다. 6팀이 모여서 농구 경기를 한다면 선수는 모두 몇 명인지 구해 보세요.

(30명)

2 곱이 가장 큰 곱셈을 찾아 ○표 하세요.

5 × 4   2 × 9   5 × 2

(○)   (   )   (   )

42 교과서 달달 풀기 2-2

교과서 따라 풀기

4 5 × 1 = 5, 5 × 2 = 10,
5 × 3 = 15, 5 × 4 = 20,
5 × 5 = 25, 5 × 6 = 30

5 5개씩 9묶음인 공깃돌의 수를 5단 곱셈구구를 이용하여 계산하면 모두
5 × 9 = 45(개)입니다.

실력 키우기

1 한 팀의 선수는 5명이므로 6팀이 모여서 농구 경기를 한다면 선수는 모두
5 × 6 = 30(명)입니다.

2 5 × 4 = 20, 2 × 9 = 18,
5 × 2 = 10

3단, 6단 곱셈구구를 알아볼까요

43쪽

개념 확인하기

1 3, 3, 12 / 12   **2** 5, 30

교과서 따라 풀기

1 클로버 한 개에는 잎이 3장씩 있습니다. 클로버의 잎은 모두 몇 장인지 곱셈식으로 나타내 보세요.

$3 \times \boxed{3} = \boxed{9}$ (장)

$3 \times \boxed{5} = \boxed{15}$ (장)

$3 \times \boxed{7} = \boxed{21}$ (장)

2 탁구공은 모두 몇 개인지 곱셈식으로 나타내 보세요.

$6 \times \boxed{7} = \boxed{42}$ (개)

3 딸기가 18개 있습니다. □ 안에 알맞은 수를 써넣으세요.

$3 \times \boxed{6} = 18$ $6 \times \boxed{3} = 18$

4 구슬은 모두 몇 개인지 알아보려고 합니다. 잘못 설명한 것을 찾아 기호를 써 보세요.

> ⊙ 6씩 4번 더해서 구합니다.
> ⊙ 3×8을 계산해서 구합니다.
> ⊙ 6×3에 6을 더해서 구합니다.
> ⊙ 3씩 6번 더해서 구합니다.

(⊙)

5 진열장 한 칸에 인형이 6개씩 있습니다. 진열장에 있는 인형은 모두 몇 개인지 구해 보세요.

(36개)

실력 키우기

1 연필을 더 많이 가지고 있는 친구의 이름을 써 보세요.

> 연필을 3자루씩 9묶음 가지고 있어.

> 나는 6자루씩 4묶음 가지고 있어.

미영   준호

(미영)

2 초록색 색종이가 6장씩 2묶음 있고, 노란색 색종이가 3장씩 5묶음 있습니다. 초록색 색종이와 노란색 색종이는 모두 몇 장 있는지 구해 보세요.

(27장)

교과서 따라 풀기

4 ⊙ 3씩 8번 더해서 구할 수 있습니다.

5 진열장은 6칸입니다.
진열장에 인형이 6개씩 6칸에 있으므로 인형은 모두 6×6=36(개)입니다.

실력 키우기

1 미영: 3×9=27(자루)
준호: 6×4=24(자루)
따라서 27>24이므로 연필을 더 많이 가지고 있는 친구는 미영이입니다.

2 (초록색 색종이의 수)=6×2=12(장)
(노란색 색종이의 수)=3×5=15(장)
➡ 12+15=27(장)

04 4단, 8단 곱셈구구를 알아볼까요

47쪽

개념 확인하기

1 4, 4, 12 / 12 **2** 6, 48

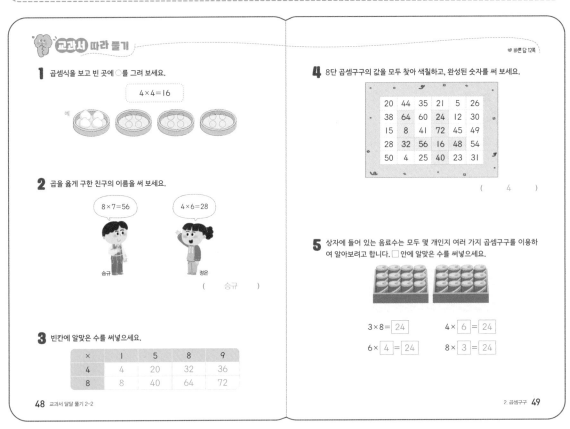

교과서 따라 풀기

1 곱셈식을 보고 빈 곳에 ○를 그려 보세요.

$4 \times 4 = 16$

2 곱을 옳게 구한 친구의 이름을 써 보세요.

$8 \times 7 = 56$ $4 \times 6 = 28$

승규   정은

(승규)

3 빈칸에 알맞은 수를 써넣으세요.

×	1	5	8	9
4	4	20	32	36
8	8	40	64	72

바른답 12쪽

4 8단 곱셈구구의 값을 모두 찾아 색칠하고, 완성된 숫자를 써 보세요.

20	44	35	21	5	26
38	64	60	24	12	30
15	8	41	72	45	49
28	32	56	16	48	54
50	4	25	40	23	31

(4)

5 상자에 들어 있는 음료수는 모두 몇 개인지 여러 가지 곱셈구구를 이용하여 알아보려고 합니다. □ 안에 알맞은 수를 써넣으세요.

$3 \times 8 = 24$ $4 \times 6 = 24$

$6 \times 4 = 24$ $8 \times 3 = 24$

실력 키우기

바른답 12쪽

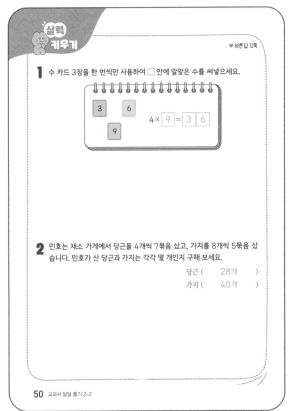

1 수 카드 3장을 한 번씩만 사용하여 □ 안에 알맞은 수를 써넣으세요.

3   6   9

$4 \times 9 = 36$

2 민호는 채소 가게에서 당근을 4개씩 7묶음 샀고, 가지를 8개씩 5묶음 샀습니다. 민호가 산 당근과 가지는 각각 몇 개인지 구해 보세요.

당근 (28개)
가지 (40개)

교과서 따라 풀기

5 3단 곱셈구구에서는 $3 \times 8 = 24$, 4단 곱셈구구에서는 $4 \times 6 = 24$, 6단 곱셈구구에서는 $6 \times 4 = 24$, 8단 곱셈구구에서는 $8 \times 3 = 24$를 이용하여 음료수는 모두 24개인 것을 알 수 있습니다.

실력 키우기

1 4단 곱셈구구를 이용하여 수 카드에 있는 세 수가 모두 들어가는 곱셈식을 만듭니다.
➡ $4 \times 3 = 12(\times)$, $4 \times 6 = 24(\times)$, $4 \times 9 = 36(○)$

2 (민호가 산 당근의 수)
= $4 \times 7 = 28$(개)
(민호가 산 가지의 수)
= $8 \times 5 = 40$(개)

05 7단 곱셈구구를 알아볼까요

개념 확인하기

51쪽

1 (1) 5 (2) 5, 35 (3) 35

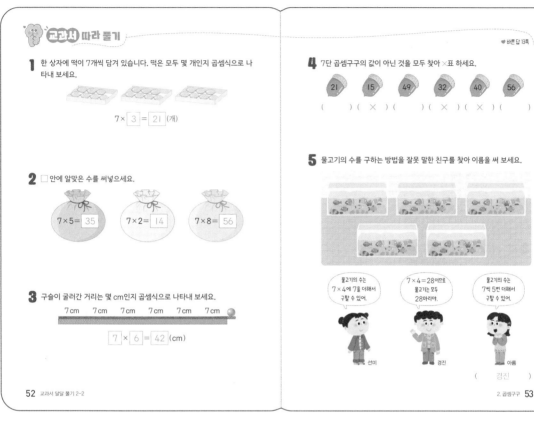

교과서 따라 풀기

1 한 상자에 떡이 7개씩 담겨 있습니다. 떡은 모두 몇 개인지 곱셈식으로 나타내 보세요.

$$7 \times 3 = 21 \text{(개)}$$

2 □ 안에 알맞은 수를 써넣으세요.

$7 \times 5 = 35$ $7 \times 2 = 14$ $7 \times 8 = 56$

3 구슬이 굴러간 거리는 몇 cm인지 곱셈식으로 나타내 보세요.

7 cm 7 cm 7 cm 7 cm 7 cm 7 cm

$$7 \times 6 = 42 \text{(cm)}$$

52 교과서 달달 풀기 2-2

❤ 바른답 13쪽

4 7단 곱셈구구의 값이 아닌 것을 모두 찾아 ×표 하세요.

21 15 49 32 40 56

( ) (×) ( ) (×) (×) ( )

5 물고기의 수를 구하는 방법을 잘못 말한 친구를 찾아 이름을 써 보세요.

물고기의 수는 7×4에 7을 더해서 구할 수 있어.

7×4=28이므로 물고기는 모두 28마리야.

물고기의 수는 7씩 5번 더해서 구할 수 있어.

선미 경진 아름

(경진)

2. 곱셈구구 53

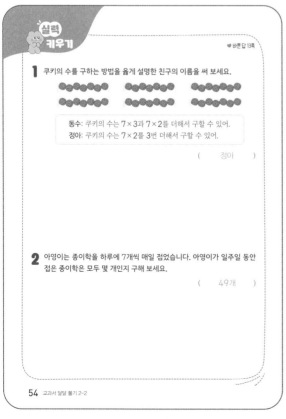

실력 키우기

❤ 바른답 13쪽

1 쿠키의 수를 구하는 방법을 옳게 설명한 친구의 이름을 써 보세요.

동수: 쿠키의 수는 7×3과 7×2를 더해서 구할 수 있어.
청아: 쿠키의 수는 7×2를 3번 더해서 구할 수 있어.

(청아)

2 아영이는 종이학을 하루에 7개씩 매일 접었습니다. 아영이가 일주일 동안 접은 종이학은 모두 몇 개인지 구해 보세요.

(49개)

54 교과서 달달 풀기 2-2

교과서 따라 풀기

3 7 cm씩 6번 굴러갔으므로 구슬이 굴러간 거리는 7×6=42(cm)입니다.

4 7×3=21, 7×7=49, 7×8=56
따라서 7단 곱셈구구의 값이 아닌 것은 15, 32, 40입니다.

5 경진: 7×5=35이므로 물고기는 모두 35마리입니다.

실력 키우기

1 동수: 쿠키의 수는 7×3과 7×3을 더해서 구할 수 있습니다.

2 일주일은 7일입니다.
따라서 아영이가 일주일 동안 접은 종이학은 모두 7×7=49(개)입니다.

06 9단 곱셈구구를 알아볼까요

개념 확인하기

55쪽

1 (1) 4   (2) 4, 36   (3) 36

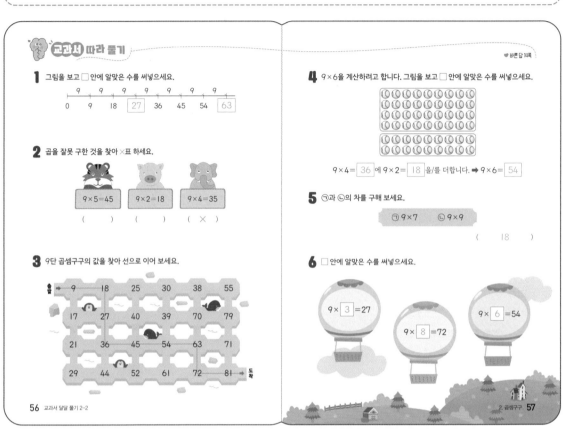

교과서 따라 풀기

1 그림을 보고 □안에 알맞은 수를 써넣으세요.

0 9 18 27 36 45 54 63

2 곱을 잘못 구한 것을 찾아 ×표 하세요.

9×5=45 9×2=18 9×4=35
(   )   (   )   (×)

3 9단 곱셈구구의 값을 찾아 선으로 이어 보세요.

바른답 14쪽

4 9×6을 계산하려고 합니다. 그림을 보고 □안에 알맞은 수를 써넣으세요.

9×4= 36 에 9×2= 18 을/를 더합니다. ➡ 9×6= 54

5 ㉠과 ㉡의 차를 구해 보세요.

㉠ 9×7   ㉡ 9×9

(18   )

6 □안에 알맞은 수를 써넣으세요.

9× 3 =27
9× 8 =72
9× 6 =54

56 교과서 달달 풀기 2-2

2. 곱셈구구 **57**

실력 키우기

바른답 14쪽

1 나타내는 수가 나머지와 다른 하나를 찾아 기호를 써 보세요.

㉠ 9씩 6번 더해서 구합니다.
㉡ 9×3에 9×4를 더해서 구합니다.
㉢ 9×5에 9를 더해서 구합니다.

(㉡   )

2 9단 곱셈구구의 값을 큰 수부터 차례대로 5개 쓴 것입니다. 잘못 쓴 값을 찾아 ×표 하고, 바르게 고친 값을 써 보세요.

81 72 62 54 45

(63   )

58 교과서 달달 풀기 2-2

교과서 따라 풀기

5 ㉠ 9×7=63
㉡ 9×9=81
➡ ㉡−㉠=81−63=18

6 9×3=27, 9×8=72,
9×6=54

실력 키우기

1 ㉠ 9+9+9+9+9+9=9×6=54
㉡ 9×3에 9×4를 더하면 9×7=63입니다.
㉢ 9×5에 9를 더하면 9×6=54입니다.

2 9단 곱셈구구의 값은 9씩 차이가 납니다.
➡ 81−72−63−54−45

07 1단 곱셈구구와 0의 곱을 알아볼까요

개념 확인하기

1 (1) 2 (2) 3 **2** (1) 0 (2) 0

교과서 따라 풀기

1 참외는 모두 몇 개인지 곱셈식으로 나타내 보세요.

$1 \times \boxed{7} = \boxed{7}$ (개)

2 곱셈을 이용하여 빈 곳에 알맞은 수를 써넣으세요.

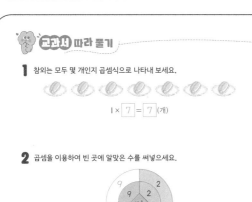

3 □ 안에 알맞은 수를 써넣으세요.

$0 \times 6 = \boxed{0}$ $3 \times 1 = \boxed{3}$

$8 \times \boxed{0} = 0$ $1 \times 7 = \boxed{7}$

4~5 소희가 화살 10개를 쏘았습니다. 맞힌 점수 판에 적힌 수만큼 점수를 얻을 때 물음에 답해 보세요.

4 빈칸에 알맞은 곱셈식을 써 보세요.

점수 판에 적힌 수	0	1	2	4
맞힌 횟수(번)	3	5	2	0
점수(점)	$0 \times 3 = 0$	$1 \times 5 = 5$	$2 \times 2 = 4$	$4 \times 0 = 0$

5 소희가 얻은 점수는 모두 몇 점인지 구해 보세요.

(9점)

6 광수는 고리 7개를 던져서 오른쪽 그림과 같이 5개는 걸었고, 2개는 걸지 못했습니다. 고리를 걸면 1점, 걸지 못하면 0점일 때 광수가 얻은 점수는 모두 몇 점인지 구해 보세요.

걸린 고리 점수: $1 \times \boxed{5} = \boxed{5}$ (점)

걸리지 않은 고리 점수: $0 \times \boxed{2} = \boxed{0}$ (점)

(5점)

실력 키우기

1 곱이 다른 하나를 찾아 기호를 써 보세요.

㉠ 7×0 ㉡ 0×9
㉢ 1×4 ㉣ 2×0

( )

2 달리기 경기에서 1등은 2점, 2등은 1점, 3등은 0점을 얻습니다. 윤아네 반은 1등이 3명, 2등이 5명, 3등이 4명입니다. 윤아네 반 달리기 점수는 모두 몇 점인지 구해 보세요.

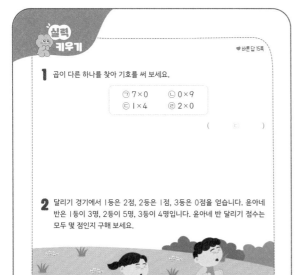

(11점)

교과서 따라 풀기

5 (소희가 얻은 점수)
$= 0 + 5 + 4 + 0 = 9$(점)

6 걸린 고리는 5개이므로 $1 \times 5 = 5$(점), 걸리지 않은 고리는 2개이므로 $0 \times 2 = 0$(점)입니다.
➡ $5 + 0 = 5$(점)

실력 키우기

1 ㉠ $7 \times 0 = 0$ ㉡ $0 \times 9 = 0$
㉢ $1 \times 4 = 4$ ㉣ $2 \times 0 = 0$

2 1등: $2 \times 3 = 6$(점), 2등: $1 \times 5 = 5$(점),
3등: $0 \times 4 = 0$(점)
따라서 윤아네 반 달리기 점수는 모두
$6 + 5 + 0 = 11$(점)입니다.

08 곱셈표를 만들어 볼까요

개념 확인하기

1 (1) 2   (2) 3   (3) 2

교과서 따라 풀기

1~2 곱셈표를 보고 물음에 답해 보세요.

×	2	3	4	5	6
2	4	6	8	10	12
3	6	9	12	15	18
4	8	12	16	20	24
5	10	15	20	25	30
6	12	18	24	30	36

1 빈칸에 알맞은 수를 써넣어 곱셈표를 완성해 보세요.

2 위 곱셈표에서 2×6과 곱이 같은 곱셈구구를 모두 찾아 써 보세요.

6 × 2 = 12   3 × 4 = 12   4 × 3 = 12

3 곱셈표를 완성하고, 노란색으로 색칠된 칸의 수와 곱이 같은 수를 찾아 색칠해 보세요.

×	6	7	8	9
6	36	42	48	54
7	42	49	56	63
8	48	56	64	72
9	54	63	72	81

4 곱셈표를 완성하고, 곱이 50보다 큰 수를 모두 찾아 색칠해 보세요.

×	3	4	5	6	7	8	9
7	21	28	35	42	49	56	63
8	24	32	40	48	56	64	72
9	27	36	45	54	63	72	81

5 친구들의 대화를 읽고 어떤 수인지 구해 보세요.

6단 곱셈구구에 있는 곱이야.

십의 자리 숫자는 30을 나타내.

일의 자리 수는 5보다 커.

(36)

64 교과서 달달 풀기 2-2

2. 곱셈구구 65

실력 키우기

바른답 16쪽

1 곱셈표를 완성하고, 분홍색으로 색칠된 칸의 수들에는 어떤 규칙이 있는지 써 보세요.

×	3	4	5	6
3	9	12	15	18
4	12	16	20	24
5	15	20	25	30
6	18	24	30	36

규칙 에 같은 수를 두 번 곱하는 규칙이 있습니다.

2 곱셈표에서 ㉠+㉡+㉢의 값을 구해 보세요.

×	1	2
2	㉠	㉡
㉢	5	10

(11)

66 교과서 달달 풀기 2-2

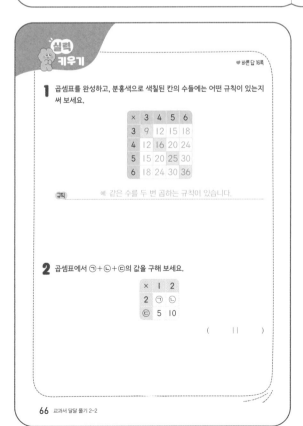

교과서 따라 풀기

4 7단, 8단, 9단 곱셈구구를 이용하여 곱셈표를 완성합니다.

5 6단 곱셈구구에 있는 곱은 6, 12, 18, 24, 30, 36, 42, 48, 54입니다.
십의 자리 숫자가 30을 나타내는 수는 30과 36이고, 이 중에서 일의 자리 수가 5보다 큰 것은 36입니다.

실력 키우기

1 분홍색으로 색칠된 칸의 수들은 3×3=9, 4×4=16, 5×5=25, 6×6=36이므로 같은 수를 두 번 곱하는 규칙이 있습니다.

2 ㉠=2×1=2, ㉡=2×2=4, ㉢×1=5이므로 ㉢=5입니다.
➡ ㉠+㉡+㉢=2+4+5=11

단원 마무리하기

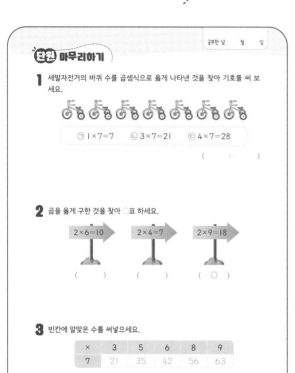

2 $2 \times 6 = 12$, $2 \times 4 = 8$

3 7단 곱셈구구를 이용하여 빈칸에 알맞은 수를 써넣습니다.
$7 \times 3 = 21$, $7 \times 5 = 35$,
$7 \times 6 = 42$, $7 \times 8 = 56$,
$7 \times 9 = 63$

4 $0 \times 4 = 0$입니다.
➡ $4 \times 1 = 4$, $7 \times 0 = 0$,
 $1 \times 3 = 3$

5 (1) $5 \times 4 = 20$이므로 □$=4$입니다.
(2) $9 \times 7 = 63$이므로 □$=7$입니다.

6 (선풍기 3대의 날개 수)
$= 4 \times 3 = 12$(개)

8 · $9 \times 5 = 45$이므로 ■$=5$입니다.
· $5 \times 3 = 15$이므로 ▲$=15$입니다.
➡ ■$+$▲$=5+15=20$

07 cm보다 더 큰 단위를 알아볼까요

개념 확인하기

71쪽

1 (   ) (   ) (◯)   **2** (1) 1, 20   (2) 1, 50

교과서 따라 풀기

1 길이를 바르게 읽어 보세요.

(1) 2 m 50 cm ➡ (2 미터 50 센티미터)

(2) 7 m 36 cm ➡ (7 미터 36 센티미터)

2 ☐ 안에 알맞은 수를 써넣으세요.

(1) 500 cm = 5 m   (2) 372 cm = 3 m 72 cm

(3) 8 m 49 cm = 849 cm   (4) 6 m 5 cm = 605 cm

3 가장 짧은 길이를 말한 친구를 찾아 이름을 써 보세요.

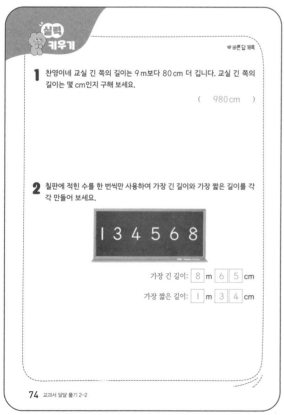

4 m 72 cm   460 cm   4 m 8 cm

새연   창민   누리

(누리)

♥ 바른답 18쪽

4 cm와 m 중 알맞은 단위를 써 보세요.

(1) 전봇대의 높이는 약 7 m 입니다.

(2) 볼펜의 길이는 약 16 cm 입니다.

(3) 학교 강당 짧은 쪽의 길이는 약 25 m 입니다.

(4) 칠판 긴 쪽의 길이는 약 300 cm 입니다.

5 길이를 잘못 나타낸 표지판을 모두 찾아 색칠해 보세요.

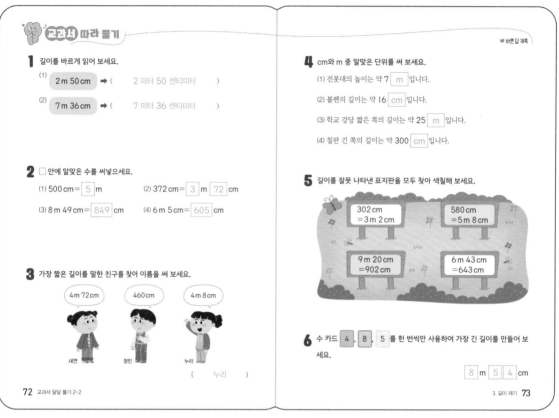

302 cm
=3 m 2 cm

580 cm
=5 m 8 cm

9 m 20 cm
=902 cm

6 m 43 cm
=643 cm

6 수 카드 4 , 8 , 5 를 한 번씩만 사용하여 가장 긴 길이를 만들어 보세요.

8 m 5 4 cm

실력 키우기

♥ 바른답 18쪽

1 찬영이네 교실 긴 쪽의 길이는 9 m보다 80 cm 더 깁니다. 교실 긴 쪽의 길이는 몇 cm인지 구해 보세요.

(980 cm)

2 칠판에 적힌 수를 한 번씩만 사용하여 가장 긴 길이와 가장 짧은 길이를 각각 만들어 보세요.

1 3 4 5 6 8

가장 긴 길이: 8 m 6 5 cm

가장 짧은 길이: 1 m 3 4 cm

교과서 따라 풀기

5 580 cm = 5 m 80 cm,
9 m 20 cm = 920 cm

6 수의 크기를 비교하면 8>5>4입니다.
따라서 만들 수 있는 가장 긴 길이는
854 cm = 8 m 54 cm입니다.

실력 키우기

1 9 m보다 80 cm 더 긴 길이는
9 m 80 cm입니다.
➡ 9 m 80 cm = 980 cm

2 • 가장 긴 길이는 m 단위부터 큰 수를 차례대로 놓으면 8 m 65 cm입니다.
• 가장 짧은 길이는 m 단위부터 작은 수를 차례대로 놓으면 1 m 34 cm입니다.

02 자로 길이를 재어 볼까요

개념 확인하기

75쪽

1 냉장고의 높이에 색칠   **2** 0, 눈금

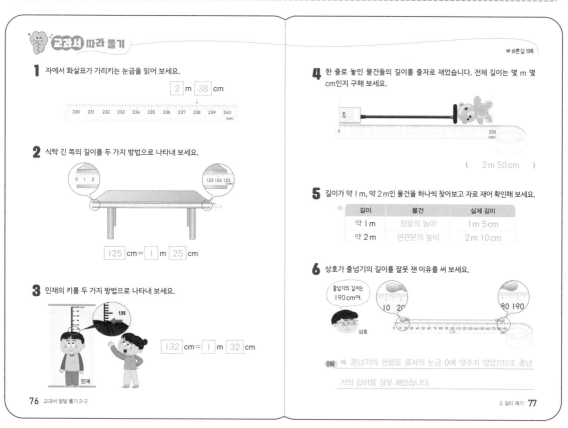

교과서 따라 풀기

1 자에서 화살표가 가리키는 눈금을 읽어 보세요.

2 m 38 cm

2 식탁 긴 쪽의 길이를 두 가지 방법으로 나타내 보세요.

125 cm= 1 m 25 cm

3 민재의 키를 두 가지 방법으로 나타내 보세요.

132 cm= 1 m 32 cm

민재

바른답 19쪽

4 한 줄로 놓인 물건들의 길이를 줄자로 재었습니다. 전체 길이는 몇 m 몇 cm인지 구해 보세요.

(2m 50 cm)

5 길이가 약 1 m, 약 2 m인 물건을 하나씩 찾아보고 자로 재어 확인해 보세요.

길이	물건	실제 길이
약 1 m	창문의 높이	1 m 5 cm
약 2 m	현관문의 높이	2 m 10 cm

6 상호가 줄넘기의 길이를 잘못 잰 이유를 써 보세요.

줄넘기의 길이는
190 cm야.

상호

이유 에 줄넘기의 한끝을 줄자의 눈금 0에 맞추지 않았으므로 줄넘기의 길이를 잘못 재었습니다.

76 교과서 달달 풀기 2-2

3. 길이 재기 **77**

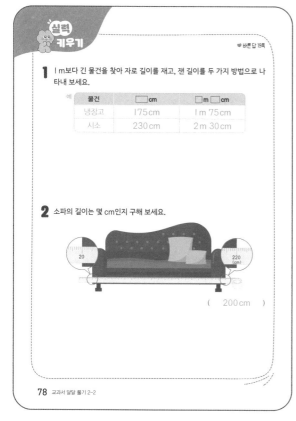

실력 키우기

바른답 19쪽

1 1 m보다 긴 물건을 찾아 자로 길이를 재고, 잰 길이를 두 가지 방법으로 나타내 보세요.

물건	□ cm	□ m □ cm
냉장고	175 cm	1 m 75 cm
시소	230 cm	2 m 30 cm

2 소파의 길이는 몇 cm인지 구해 보세요.

(200 cm)

78 교과서 달달 풀기 2-2

교과서 따라 풀기

3 민재의 머리끝이 자의 눈금 132에 닿았으므로 민재의 키는 132 cm=1 m 32 cm 입니다.

실력 키우기

1 1 m보다 긴 물건을 찾아 줄자를 사용하여 물건의 길이를 정확하게 재고, 잰 길이를 '몇 cm'와 '몇 m 몇 cm'로 나타냅니다.

2 소파의 한끝을 줄자의 눈금 20에 맞추었을 때 다른 쪽 끝에 있는 줄자의 눈금은 220 입니다.

따라서 소파의 한끝을 줄자의 눈금 0에 맞추면 다른 쪽 끝에 있는 줄자의 눈금은 200 이므로 소파의 길이는 200 cm입니다.

3. 길이 재기 **19**

03 길이의 합을 구해 볼까요

개념 확인하기

1 4, 50 **2** 80 / 5, 80

교과서 따라 풀기

1 길이의 합을 구해 보세요.

(1) 2 m 30 cm + 3 m 40 cm = ⑤ m ⑦⓪ cm

(2) 4 m 25 cm + 4 m 65 cm = ⑧ m ⑨⓪ cm

(3)
```
    6 m 10 cm
+   1 m 50 cm
─────────────
    7 m 60 cm
```

(4)
```
    2 m 75 cm
+   3 m 10 cm
─────────────
    5 m 85 cm
```

2 색 테이프의 전체 길이는 몇 m 몇 cm인지 구해 보세요.

2 m 16 cm   2 m 40 cm

(4 m 56 cm)

3 빈칸에 알맞은 길이를 써넣으세요.

3 m 5 cm →(+2 m 31 cm)→ 5 m 36 cm →(+5 m 45 cm)→ 10 m 81 cm

4 길이가 더 긴 것에 ○표 하세요.

4 m 19 cm + 3 m 57 cm (○)

7 m 70 cm ( )

5 민호와 예진이는 제자리멀리뛰기를 하였습니다. 민호는 1 m 52 cm를 뛰었고, 예진이는 1 m 28 cm를 뛰었습니다. 두 친구가 뛴 거리의 합은 몇 m 몇 cm인지 구해 보세요.

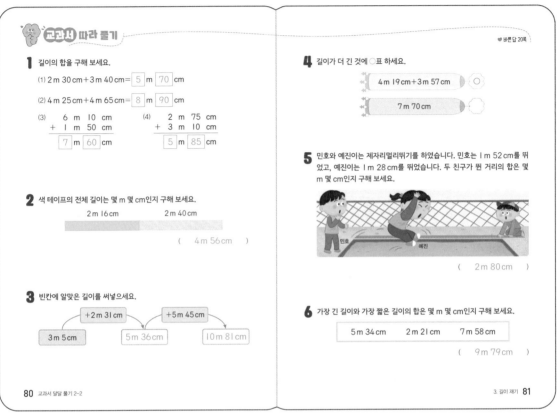

(2 m 80 cm)

6 가장 긴 길이와 가장 짧은 길이의 합은 몇 m 몇 cm인지 구해 보세요.

5 m 34 cm   2 m 21 cm   7 m 58 cm

(9 m 79 cm)

실력 키우기

바른답 20쪽

1 아라의 키는 123 cm이고, 아라 아버지의 키는 아라의 키보다 55 cm 더 큽니다. 아라 아버지의 키는 몇 m 몇 cm인지 구해 보세요.

(1 m 78 cm)

2 다음과 같은 길이의 세 물건을 겹치지 않게 길게 이었습니다. 이은 전체 길이는 몇 m 몇 cm인지 구해 보세요.

우산 — 1 m 5 cm

허리띠 — 1 m 25 cm

빗자루 — 50 cm

(2 m 80 cm)

교과서 따라 풀기

5 (두 친구가 뛴 거리의 합)
= 1 m 52 cm + 1 m 28 cm
= 2 m 80 cm

6 가장 긴 길이는 7 m 58 cm이고, 가장 짧은 길이는 2 m 21 cm입니다.
➡ 7 m 58 cm + 2 m 21 cm
= 9 m 79 cm

실력 키우기

1 123 cm = 1 m 23 cm입니다.
➡ (아라 아버지의 키)
= 1 m 23 cm + 55 cm = 1 m 78 cm

2 (이은 전체 길이)
= 1 m 5 cm + 1 m 25 cm + 50 cm
= 2 m 30 cm + 50 cm = 2 m 80 cm

04 길이의 차를 구해 볼까요

개념 확인하기

1 2, 10   **2** 50 / 2, 50

교과서 따라 풀기

❤ 바른답 21쪽

1 길이의 차를 구해 보세요.

(1) 4 m 70 cm − 2 m 30 cm = [2] m [40] cm

(2) 8 m 48 cm − 3 m 23 cm = [5] m [25] cm

(3)   5 m 80 cm
  − 1 m 20 cm
     [4] m [60] cm

(4)   6 m 75 cm
  − 3 m 32 cm
     [3] m [43] cm

2 □ 안에 알맞은 수를 써넣으세요.

8 m 80 cm

3 m 26 cm　　[5] m [54] cm

3 어느 리본이 얼마만큼 더 긴지 알아보세요.

4 m 27 cm　　　　　5 m 40 cm

가 ●●●●●●●●●●　　나 ●●●●●●●●●●●●

[나] 리본이 [1] m [13] cm 더 깁니다.

4 창문 긴 쪽과 짧은 쪽의 길이의 차는 몇 m 몇 cm인지 구해 보세요.

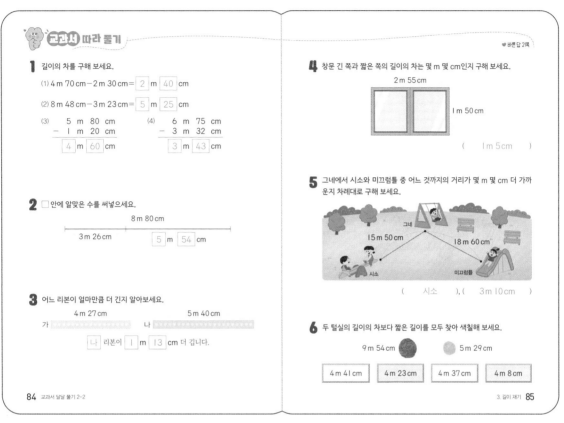

2 m 55 cm

1 m 50 cm

(1 m 5 cm)

5 그네에서 시소와 미끄럼틀 중 어느 것까지의 거리가 몇 m 몇 cm 더 가까운지 차례대로 구해 보세요.

그네

15 m 50 cm　　18 m 60 cm

시소　　미끄럼틀

(시소), (3 m 10 cm)

6 두 털실의 길이의 차보다 짧은 길이를 모두 찾아 색칠해 보세요.

9 m 54 cm　　　5 m 29 cm

| 4 m 41 cm | 4 m 23 cm | 4 m 37 cm | 4 m 8 cm |

실력 키우기

❤ 바른답 21쪽

1 길이가 1 m 40 cm인 고무줄을 양쪽에서 잡아당겼더니 372 cm가 되었습니다. 늘어난 고무줄의 길이는 몇 m 몇 cm인지 구해 보세요.

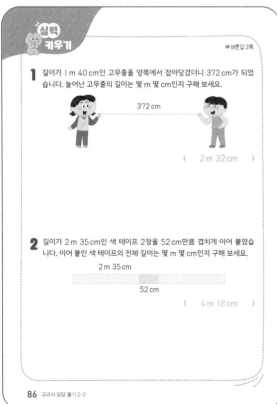

372 cm

(2 m 32 cm)

2 길이가 2 m 35 cm인 색 테이프 2장을 52 cm만큼 겹치게 이어 붙였습니다. 이어 붙인 색 테이프의 전체 길이는 몇 m 몇 cm인지 구해 보세요.

2 m 35 cm

52 cm

(4 m 18 cm)

교과서 따라 풀기

6 9 m 54 cm − 5 m 29 cm = 4 m 25 cm
따라서 4 m 23 cm, 4 m 8 cm에 색칠합니다.

실력 키우기

1 372 cm = 3 m 72 cm
➡ (늘어난 고무줄의 길이)
= 3 m 72 cm − 1 m 40 cm
= 2 m 32 cm

2 (색 테이프 2장의 길이의 합)
= 2 m 35 cm + 2 m 35 cm
= 4 m 70 cm
(이어 붙인 색 테이프의 전체 길이)
= 4 m 70 cm − 52 cm
= 4 m 18 cm

05 길이를 어림해 볼까요(1)

개념 확인하기

87쪽

1 뼘에 ○표   **2** 5

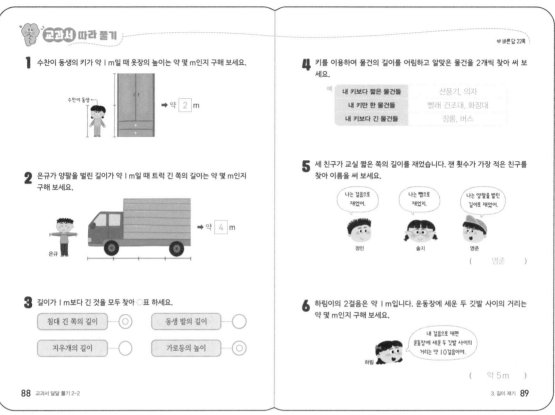

교과서 따라 풀기

1 수찬이 동생의 키가 약 1 m일 때 옷장의 높이는 약 몇 m인지 구해 보세요.
➡ 약 [2] m

2 은규가 양팔을 벌린 길이가 약 1 m일 때 트럭 긴 쪽의 길이는 약 몇 m인지 구해 보세요.
➡ 약 [4] m

3 길이가 1 m보다 긴 것을 모두 찾아 ○표 하세요.

침대 긴 쪽의 길이 (○)   동생 발의 길이 ( )

지우개의 길이 ( )   가로등의 높이 (○)

바른답 22쪽

4 키를 이용하여 물건의 길이를 어림하고 알맞은 물건을 2개씩 찾아 써 보세요.

예	
내 키보다 짧은 물건들	선풍기, 의자
내 키만 한 물건들	빨래 건조대, 화장대
내 키보다 긴 물건들	장롱, 버스

5 세 친구가 교실 짧은 쪽의 길이를 재었습니다. 잰 횟수가 가장 적은 친구를 찾아 이름을 써 보세요.

나는 걸음으로 재었어.   나는 뼘으로 재었지.   나는 양팔을 벌린 길이로 재었어.

정인   솔지   영준

(영준)

6 하림이의 2걸음은 약 1 m입니다. 운동장에 세운 두 깃발 사이의 거리는 약 몇 m인지 구해 보세요.

내 걸음으로 재면 운동장에 세운 두 깃발 사이의 거리는 약 10걸음이야.

하림

(약 5 m)

88 교과서 달달 풀기 2-2

3. 길이 재기 **89**

실력 키우기

바른답 22쪽

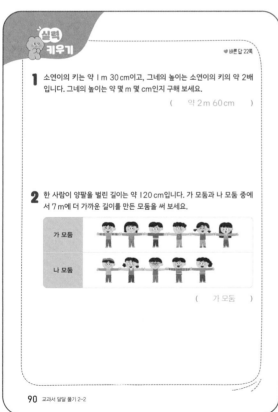

1 소연이의 키는 약 1 m 30 cm이고, 그네의 높이는 소연이의 키의 약 2배입니다. 그네의 높이는 약 몇 m 몇 cm인지 구해 보세요.
(약 2 m 60 cm)

2 한 사람이 양팔을 벌린 길이는 약 120 cm입니다. 가 모둠과 나 모둠 중에서 7 m에 더 가까운 길이를 만든 모둠을 써 보세요.

가 모둠	
나 모둠	

(가 모둠)

90 교과서 달달 풀기 2-2

교과서 따라 풀기

5 길이를 잴 때 긴 것으로 잴수록 잰 횟수가 적으므로 잰 횟수가 가장 적은 친구는 영준이입니다.

6 하림이의 2걸음은 약 1 m입니다.
따라서 두 깃발 사이의 거리는 약 1 m의 5배이므로 약 5 m입니다.

실력 키우기

1 1 m 30 cm + 1 m 30 cm = 2 m 60 cm
➡ 그네의 높이: 약 2 m 60 cm

2 120 cm = 1 m 20 cm이므로 6명이 만든 길이는 약 7 m 20 cm이고, 5명이 만든 길이는 약 6 m입니다.
따라서 7 m에 더 가까운 길이를 만든 모둠은 가 모둠입니다.

22 교과서 달달 풀기 2-2

06 길이를 어림해 볼까요(2)

개념 확인하기

1

교과서 따라 풀기

1 작은 나무의 키가 약 1 m일 때 큰 나무의 키는 약 몇 m인지 구해 보세요.

➡ 약 **3** m

2 주어진 1 m로 끈의 길이를 어림하였습니다. 끈의 길이는 약 몇 m인지 구해 보세요.

1 m ➡ 약 **8** m

3 보기에서 알맞은 길이를 골라 문장을 완성해 보세요.

| 보기 |
| 1 m   3 m   10 m   50 m |

(1) 전봇대의 높이는 약 **10 m** 입니다.

(2) 미끄럼틀의 높이는 약 **3 m** 입니다.

(3) 실내 수영장 긴 쪽의 길이는 약 **50 m** 입니다.

---

4 주어진 3 m로 화단 긴 쪽의 길이를 어림하였습니다. 화단 긴 쪽의 길이는 약 몇 m인지 구해 보세요.

3 m

(약 12 m)

5 길이가 5 m보다 긴 것을 모두 찾아 ○표 하세요.

• 지하철 한 칸의 길이	(○)
• 식탁의 높이	( )
• 운동장 짧은 쪽의 길이	(○)
• 필통 5개를 이어 놓은 길이	( )

6 공원에서 편의점까지의 거리는 약 몇 m인지 구해 보세요.

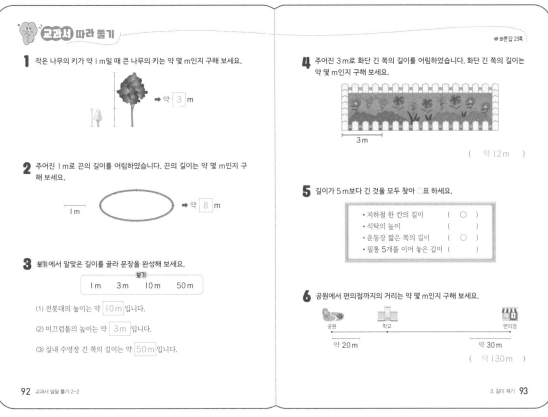

공원   학교   편의점

약 20 m   약 30 m

(약 130 m)

실력 키우기

1 세 친구가 각각 어림하여 1 m 50 cm가 되도록 끈을 잘랐습니다. 자른 끈의 길이가 1 m 50 cm에 가장 가까운 친구를 찾아 이름을 써 보세요.

이름	유정	영호	희선
자른 끈의 길이	1 m 75 cm	1 m 40 cm	1 m 80 cm

(영호)

2 그림에서 책장 한 칸의 높이는 약 40 cm입니다. 의자의 높이는 약 몇 m 몇 cm인지 구해 보세요.

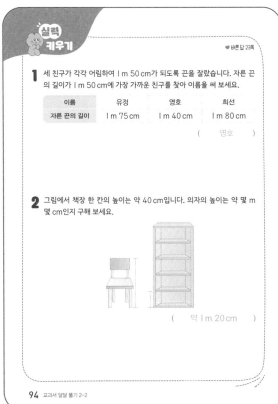

(약 1 m 20 cm)

교과서 따라 풀기

6 (공원~학교): 약 40 m
(학교~편의점): 약 90 m
따라서 40 m+90 m=130 m이므로 공원에서 편의점까지의 거리는 약 130 m입니다.

실력 키우기

1 유정: 1 m 75 cm−1 m 50 cm=25 cm
영호: 1 m 50 cm−1 m 40 cm=10 cm
희선: 1 m 80 cm−1 m 50 cm=30 cm

2 의자의 높이는 책장 3칸의 높이와 비슷합니다.
40 cm+40 cm+40 cm
=120 cm=1 m 20 cm이므로
의자의 높이는 약 1 m 20 cm입니다.

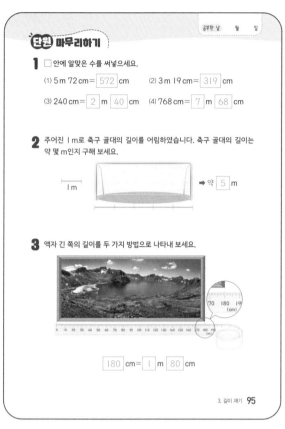

5 $465\,cm=4\,m\,65\,cm$
➡ $4\,m\,65\,cm-1\,m\,38\,cm$
$=3\,m\,27\,cm$

6 ㉡ $6\,m\,26\,cm=626\,cm$
㉢ $6\,m\,5\,cm=605\,cm$
따라서 $649>626>605>602$이므로
긴 길이부터 차례대로 기호를 쓰면 ㉣, ㉡,
㉢, ㉠입니다.

7 $1\,m\,74\,cm-47\,cm=1\,m\,27\,cm$

8 $2\,m\,25\,cm+2\,m\,25\,cm+2\,m\,25\,cm$
$=4\,m\,50\,cm+2\,m\,25\,cm$
$=6\,m\,75\,cm$

9 수지의 뼘으로 6뼘은 수지의 2뼘의 3배와
같습니다.
➡ $30\,cm+30\,cm+30\,cm=90\,cm$
따라서 책상 짧은 쪽의 길이는 약 $90\,cm$
입니다.

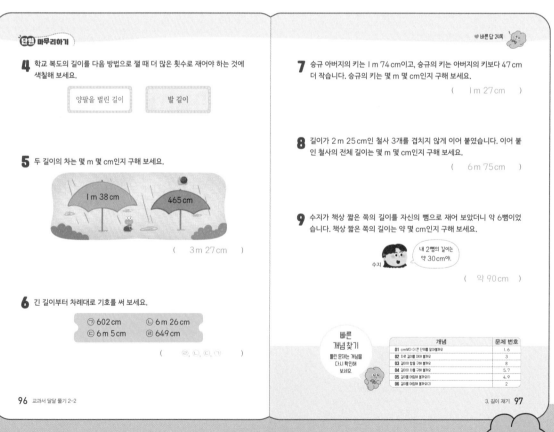

7 승규 아버지의 키는 $1\,m\,74\,cm$이고, 승규의 키는 아버지의 키보다 $47\,cm$
더 작습니다. 승규의 키는 몇 m 몇 cm인지 구해 보세요.

($1\,m\,27\,cm$)

8 길이가 $2\,m\,25\,cm$인 철사 3개를 겹치지 않게 이어 붙였습니다. 이어 붙
인 철사의 전체 길이는 몇 m 몇 cm인지 구해 보세요.

($6\,m\,75\,cm$)

9 수지가 책상 짧은 쪽의 길이를 자신의 뼘으로 재어 보았더니 약 6뼘이었
습니다. 책상 짧은 쪽의 길이는 약 몇 cm인지 구해 보세요.

수지 내 2뼘의 길이는
약 30 cm야.

(약 $90\,cm$)

빠른
개념 찾기
틀린 문제는 개념을
다시 확인해
보세요

개념	문제 번호
01 cm보다 더 큰 단위를 알아봐요	1, 6
02 자의 길이에 대어 알아봐	3
03 길이의 합을 구해 알아봐	8
04 길이의 차를 구해 알아봐	5, 7
05 길이를 어림해 알아봐요(1)	4, 9
06 길이를 어림해 알아봐요(2)	2

몇 시 몇 분을 읽어 볼까요(1)

개념 확인하기

1 (1) 1   (2) 4   (3) 12, 20

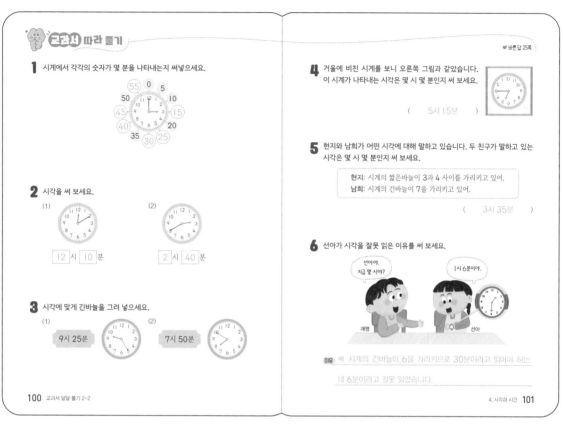

교과서 따라 풀기

1 시계에서 각각의 숫자가 몇 분을 나타내는지 써넣으세요.

2 시각을 써 보세요.

(1) 12 시 10 분

(2) 2 시 40 분

3 시각에 맞게 긴바늘을 그려 넣으세요.

(1) 9시 25분

(2) 7시 50분

100 교과서 달달 풀기 2-2

바른 답 25쪽

4 거울에 비친 시계를 보니 오른쪽 그림과 같았습니다. 이 시계가 나타내는 시각은 몇 시 몇 분인지 써 보세요.

(5시 15분)

5 현지와 남희가 어떤 시각에 대해 말하고 있습니다. 두 친구가 말하고 있는 시각은 몇 시 몇 분인지 써 보세요.

> 현지: 시계의 짧은바늘이 3과 4 사이를 가리키고 있어.
> 남희: 시계의 긴바늘이 7을 가리키고 있어.

(3시 35분)

6 선아가 시각을 잘못 읽은 이유를 써 보세요.

선아야, 지금 몇 시야?

1시 6분이야.

재영   선아

이유 예 시계의 긴바늘이 6을 가리키므로 30분이라고 읽어야 하는 데 6분이라고 잘못 읽었습니다.

4. 시각과 시간 101

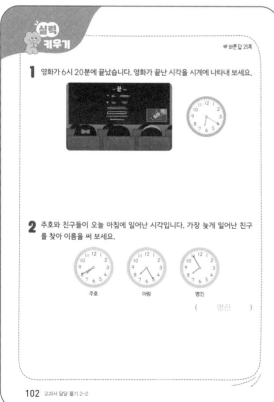

실력 키우기

바른 답 25쪽

1 영화가 6시 20분에 끝났습니다. 영화가 끝난 시각을 시계에 나타내 보세요.

2 주호와 친구들이 오늘 아침에 일어난 시각입니다. 가장 늦게 일어난 친구를 찾아 이름을 써 보세요.

주호   아람   명진

(명진)

102 교과서 달달 풀기 2-2

교과서 따라 풀기

4 짧은바늘이 5와 6 사이를 가리키고, 긴바늘이 3을 가리키므로 5시 15분입니다.

5 짧은바늘이 3과 4 사이를 가리키므로 3시 이고, 긴바늘이 7을 가리키므로 35분입니다. ➡ 3시 35분

실력 키우기

1 짧은바늘이 6과 7 사이를 가리키고, 긴바늘이 4를 가리키도록 나타냅니다.

2 주호: 7시 40분
아람: 7시 25분
명진: 7시 55분
따라서 가장 늦게 일어난 친구는 명진이입니다.

02 몇 시 몇 분을 읽어 볼까요(2)

개념 확인하기

103쪽

1 (1) 9 (2) 3 (3) 8, 58

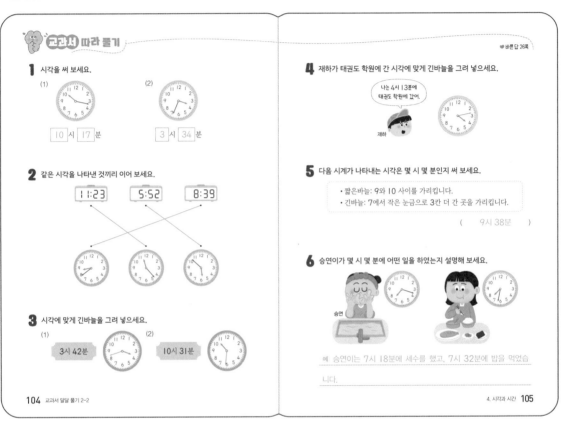

교과서 따라 풀기

💜 바른답 26쪽

1 시각을 써 보세요.

(1) 10 시 17 분

(2) 3 시 34 분

2 같은 시각을 나타낸 것끼리 이어 보세요.

11:23   5:52   8:39

3 시각에 맞게 긴바늘을 그려 넣으세요.

(1) 3시 42분   (2) 10시 31분

4 재하가 태권도 학원에 간 시각에 맞게 긴바늘을 그려 넣으세요.

나는 4시 13분에 태권도 학원에 갔어.

재하

5 다음 시계가 나타내는 시각은 몇 시 몇 분인지 써 보세요.

· 짧은바늘: 9와 10 사이를 가리킵니다.
· 긴바늘: 7에서 작은 눈금으로 3칸 더 간 곳을 가리킵니다.

(9시 38분)

6 승연이가 몇 시 몇 분에 어떤 일을 하였는지 설명해 보세요.

승연

예 승연이는 7시 18분에 세수를 했고, 7시 32분에 밥을 먹었습니다.

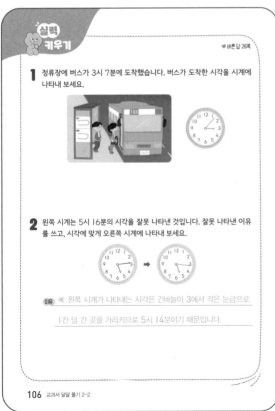

실력 키우기

💜 바른답 26쪽

1 정류장에 버스가 3시 7분에 도착했습니다. 버스가 도착한 시각을 시계에 나타내 보세요.

2 왼쪽 시계는 5시 16분의 시각을 잘못 나타낸 것입니다. 잘못 나타낸 이유를 쓰고, 시각에 맞게 오른쪽 시계에 나타내 보세요.

이유 예 왼쪽 시계가 나타내는 시각은 긴바늘이 3에서 작은 눈금으로 1칸 덜 간 곳을 가리키므로 5시 14분이기 때문입니다.

교과서 따라 풀기

2 디지털시계에서 ':' 왼쪽의 수는 '시'를 나타내고, ':' 오른쪽의 수는 '분'을 나타냅니다.

4 긴바늘이 2에서 작은 눈금으로 3칸 더 간 곳을 가리키도록 나타냅니다.

실력 키우기

1 짧은바늘이 3과 4 사이를 가리키고, 긴바늘이 1에서 작은 눈금으로 2칸 더 간 곳을 가리키도록 나타냅니다.

2 짧은바늘이 5와 6 사이를 가리키고, 긴바늘이 3에서 작은 눈금으로 1칸 더 간 곳을 가리키도록 나타냅니다.

03 여러 가지 방법으로 시각을 읽어 볼까요

107쪽

개념 확인하기

1 (1) 11, 55   (2) 5   (3) 12, 5   **2** ( )(○)

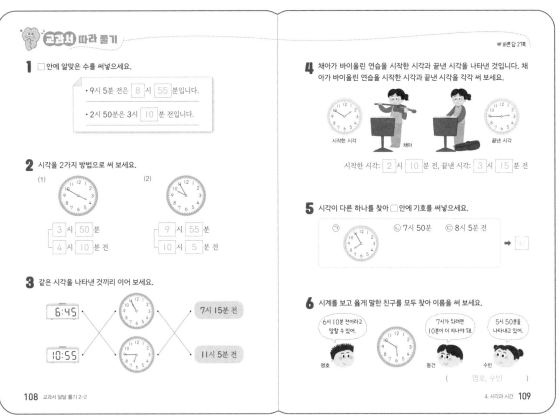

교과서 따라 풀기

1 □ 안에 알맞은 수를 써넣으세요.

- 9시 5분 전은 8 시 55 분입니다.
- 2시 50분은 3시 10 분 전입니다.

2 시각을 2가지 방법으로 써 보세요.

(1)
3 시 50 분
4 시 10 분 전

(2)
9 시 55 분
10 시 5 분 전

3 같은 시각을 나타낸 것끼리 이어 보세요.

6:45 → 7시 15분 전

10:55 → 11시 5분 전

108 교과서 달달 풀기 2-2

4 채아가 바이올린 연습을 시작한 시각과 끝낸 시각을 나타낸 것입니다. 채아가 바이올린 연습을 시작한 시각과 끝낸 시각을 각각 써 보세요.

시작한 시각   채아   끝낸 시각

시작한 시각: 2 시 10 분 전, 끝낸 시각: 3 시 15 분 전

5 시각이 다른 하나를 찾아 □ 안에 기호를 써넣으세요.

㉠   ㉡ 7시 50분   ㉢ 8시 5분 전   →   ㉡

6 시계를 보고 옳게 말한 친구를 모두 찾아 이름을 써 보세요.

6시 10분 전이라고 말할 수 있어.
명호

7시가 되려면 10분이 더 지나야 돼.
동건

5시 50분을 나타내고 있어.
수빈

(명호, 수빈)

4. 시각과 시간 109

실력 키우기

♥ 바른 답 27쪽

1 예슬이가 수영장에 간 시각을 시계에 나타내 보세요.

나는 오늘 낮 4시 5분 전에 수영장에 갔어.

예슬

2 오늘 아침 학교에 소미는 8시 47분에 도착했고, 현석이는 9시 10분 전에 도착했습니다. 소미와 현석이 중에서 학교에 더 일찍 도착한 친구의 이름을 써 보세요.

(소미)

110 교과서 달달 풀기 2-2

교과서 따라 풀기

5 ㉠ 7시 55분   ㉡ 7시 50분
㉢ 7시 55분
따라서 시각이 다른 하나는 ㉡입니다.

6 주어진 시계의 시각은 5시 50분이므로 6시 10분 전입니다.

실력 키우기

1 4시 5분 전은 3시 55분과 같습니다.
따라서 짧은바늘이 3과 4 사이를 가리키고, 긴바늘이 11을 가리키도록 나타냅니다.

2 9시 10분 전은 8시 50분과 같습니다.
8시 47분은 8시 50분보다 더 빠른 시각이므로 학교에 더 일찍 도착한 친구는 소미입니다.

04 1시간을 알아볼까요

111쪽

개념 확인하기

1 (1) 60 (2) 1 **2** (1) 7, 8 (2) 1

교과서 따라 풀기

1 숙제를 하는 데 걸린 시간을 시간 띠에 색칠하고, 구해 보세요.

숙제를 하는 데 걸린 시간은 **1**시간입니다.

2 달리기 연습을 60분 동안 했습니다. 달리기 연습을 시작한 시각을 보고 끝낸 시각을 나타내 보세요.

시작한 시각　　　끝낸 시각

3 지은이가 그림 그리기를 1시간 동안 했습니다. 그림 그리기를 시작한 시각과 끝낸 시각에 맞게 긴바늘을 각각 그려 넣으세요.

내가 그림 그리기를 시작한 시각이 7시 30분이야.

시작한 시각　　　끝낸 시각

지은

바른 답 28쪽

4 승호가 아버지와 함께 1시간 동안 등산을 하기로 했습니다. 시계를 보고 등산을 몇 분 더 해야 하는지 구해 보세요.

(　15분　)

5 오른쪽은 찬민이가 축구를 시작한 시각을 나타낸 것입니다. 축구를 2시간 동안 했다면 축구를 끝낸 시각은 몇 시 몇 분인지 구해 보세요.

(　3시 40분　)

6 시계가 멈춰서 현재 시각으로 맞추려고 합니다. 긴바늘을 몇 바퀴 돌리면 되는지 구해 보세요.

멈춘 시계　　　현재 시각

11:35

(　3바퀴　)

실력 키우기

바른 답 28쪽

1 성희는 30분씩 4가지 과목 공부를 했습니다. 공부를 하는 데 걸린 시간을 구하고, 공부를 끝낸 시각을 나타내 보세요.

시작한 시각　　　끝낸 시각

2 시간

2 혜진이는 1시간 동안 산책을 하였습니다. 산책을 끝낸 시각이 6시 10분 전이라면 산책을 시작한 시각은 몇 시 몇 분인지 구해 보세요.

(　4시 50분　)

교과서 따라 풀기

4 등산은 3시부터 3시 45분까지 45분 동안 했습니다.
따라서 1시간 동안 등산을 하려면 15분 더 해야 합니다.

6 8시 35분에서 11시 35분이 되려면 긴바늘을 3바퀴 돌리면 됩니다.

실력 키우기

1 30분씩 4가지 과목 공부를 했으므로 공부를 하는 데 걸린 시간은 2시간입니다.

2 산책을 끝낸 시각은 5시 50분입니다.
따라서 산책을 시작한 시각은 5시 50분에서 1시간 전인 4시 50분입니다.

05 걸린 시간을 알아볼까요

115쪽

1 (1) 9, 10, 10　　(2) 9시 10분 20분 30분 40분 50분 10시 10분 20분 30분 40분 50분 11시　　(3) 1, 10

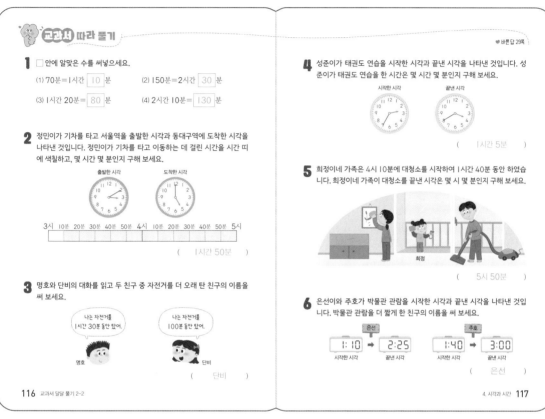

교과서 따라 풀기

1 □ 안에 알맞은 수를 써넣으세요.

(1) 70분=1시간 10 분　　(2) 150분=2시간 30 분

(3) 1시간 20분= 80 분　　(4) 2시간 10분= 130 분

2 정민이가 기차를 타고 서울역을 출발한 시각과 동대구역에 도착한 시각을 나타낸 것입니다. 정민이가 기차를 타고 이동하는 데 걸린 시간을 시간 띠에 색칠하고, 몇 시간 몇 분인지 구해 보세요.

출발한 시각　　도착한 시각

3시 10분 20분 30분 40분 50분 4시 10분 20분 30분 40분 50분 5시

(1시간 50분)

3 명호와 단비의 대화를 읽고 두 친구 중 자전거를 더 오래 탄 친구의 이름을 써 보세요.

나는 자전거를 1시간 30분 동안 탔어.
명호

나는 자전거를 100분 동안 탔어.
단비

(단비)

바른답 29쪽

4 성준이가 태권도 연습을 시작한 시각과 끝낸 시각을 나타낸 것입니다. 성준이가 태권도 연습을 한 시간은 몇 시간 몇 분인지 구해 보세요.

시작한 시각　　끝낸 시각

(1시간 5분)

5 희정이네 가족은 4시 10분에 대청소를 시작하여 1시간 40분 동안 하였습니다. 희정이네 가족이 대청소를 끝낸 시각은 몇 시 몇 분인지 구해 보세요.

희정

(5시 50분)

6 은선이와 주호가 박물관 관람을 시작한 시각과 끝낸 시각을 나타낸 것입니다. 박물관 관람을 더 짧게 한 친구의 이름을 써 보세요.

은선
1:10 ➡ 2:25
시작한 시각　끝낸 시각

주호
1:40 ➡ 3:00
시작한 시각　끝낸 시각

(은선)

실력 키우기

바른답 29쪽

1 현민이는 2시간 10분 동안 영화를 봤습니다. 영화가 시작된 시각은 몇 시 몇 분인지 구해 보세요.

영화가 끝난 시각

(3시 20분)

2 두 친구의 대화를 읽고 축구 경기 전반전이 7시에 시작됐다면 축구 경기 후반전이 끝나는 시각은 몇 시 몇 분인지 구해 보세요.

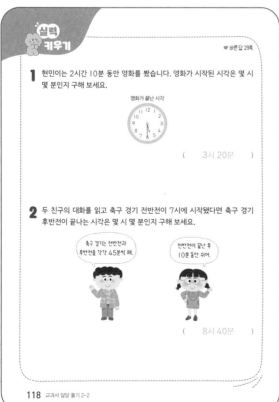

축구 경기는 전반전과 후반전을 각각 45분씩 해.

전반전이 끝난 후 10분 동안 쉬어.

(8시 40분)

교과서 따라 풀기

5 4시 10분에서 1시간 후는 5시 10분이고, 5시 10분에서 40분 후는 5시 50분입니다.

6 은선이가 박물관을 관람한 시간은 1시간 15분이고, 주호가 박물관을 관람한 시간은 1시간 20분입니다.
따라서 박물관 관람을 더 짧게 한 친구는 은선이입니다.

실력 키우기

1 5시 30분에서 2시간 10분 전의 시각을 구하면 3시 20분입니다.

2 ・전반전이 끝나는 시각: 7시 45분
・휴식이 끝나는 시각: 7시 55분
・후반전이 끝나는 시각: 8시 40분

06 하루의 시간을 알아볼까요

119쪽

개념 확인하기

1 (1) 24 (2) 오전 (3) 오후   **2** (1) 24 (2) 1, 6 (3) 50 (4) 2

교과서 따라 풀기

1 □ 안에 오전과 오후를 알맞게 써넣으세요.

(1) 아침 7시 ➡ 오전   (2) 밤 9시 ➡ 오후

(3) 낮 3시 ➡ 오후   (4) 새벽 4시 ➡ 오전

2 잘못된 것을 찾아 색칠해 보세요.

♥ 1일 5시간=29시간   ♥ 32시간=1일 8시간

♥ 3일 2시간=72시간   ♥ 60시간=2일 12시간

3 민철이가 놀이공원에 들어간 시각과 나온 시각을 나타낸 것입니다. 민철이가 놀이공원에 있었던 시간을 시간 띠에 색칠하고, 구해 보세요.

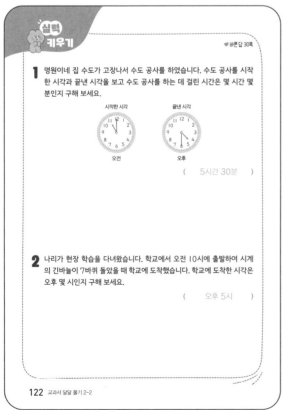

들어간 시각 / 나온 시각

오전 / 오후

오전
12 1 2 3 4 5 6 7 8 9 10 11 12(시)
1 2 3 4 5 6 7 8 9 10 11 12(시)
오후

민철이가 놀이공원에 있었던 시간은 5 시간입니다.

♥ 바른답 30쪽

4~5 태희네 가족의 1박 2일 여행 일정표를 보고 물음에 답해 보세요.

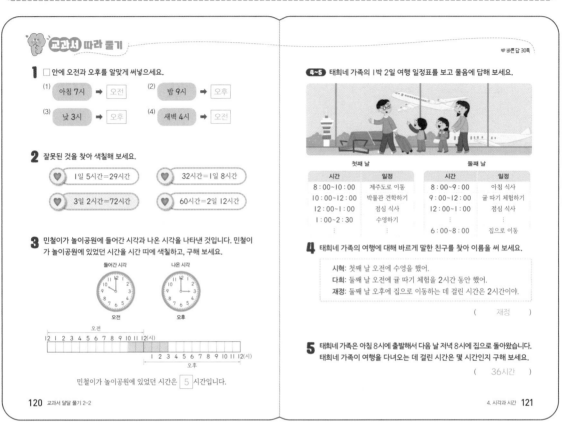

첫째 날		둘째 날	
시간	일정	시간	일정
8:00~10:00	제주도로 이동	8:00~9:00	아침 식사
10:00~12:00	박물관 견학하기	9:00~12:00	귤 따기 체험하기
12:00~1:00	점심 식사	12:00~1:00	점심 식사
1:00~2:30	수영하기	:	:
:	:	6:00~8:00	집으로 이동

4 태희네 가족의 여행에 대해 바르게 말한 친구를 찾아 이름을 써 보세요.

시혁: 첫째 날 오전에 수영을 했어.
다희: 둘째 날 오전에 귤 따기 체험을 2시간 동안 했어.
재정: 둘째 날 오후에 집으로 이동하는 데 걸린 시간은 2시간이야.

(재정)

5 태희네 가족은 아침 8시에 출발해서 다음 날 저녁 8시에 집에 돌아왔습니다. 태희네 가족이 여행을 다녀오는 데 걸린 시간은 몇 시간인지 구해 보세요.

(36시간)

실력 키우기

♥ 바른답 30쪽

1 명원이네 집 수도가 고장나서 수도 공사를 하였습니다. 수도 공사를 시작한 시각과 끝낸 시각을 보고 수도 공사를 하는 데 걸린 시간은 몇 시간 몇 분인지 구해 보세요.

시작한 시각 / 끝낸 시각

오전 / 오후

(5시간 30분)

2 나리가 현장 학습을 다녀왔습니다. 학교에서 오전 10시에 출발하여 시계의 긴바늘이 7바퀴 돌았을 때 학교에 도착했습니다. 학교에 도착한 시각은 오후 몇 시인지 구해 보세요.

(오후 5시)

교과서 따라 풀기

5 첫째 날 오전 8시부터 둘째 날 오전 8시까지 24시간이고, 둘째 날 오전 8시부터 오후 8시까지는 12시간이므로 여행을 다녀오는 데 걸린 시간은 36시간입니다.

실력 키우기

1 오전 11시부터 낮 12시까지 1시간이고, 낮 12시부터 오후 4시 30분까지는 4시간 30분입니다.
따라서 수도 공사를 하는 데 걸린 시간은 5시간 30분입니다.

2 시계의 긴바늘이 7바퀴 도는 데 걸리는 시간은 7시간이므로 학교에 도착한 시각은 오후 5시입니다.

07 달력을 알아볼까요

123쪽

개념 확인하기

1 (1) 5 (2) 월 (3) 13, 20, 27

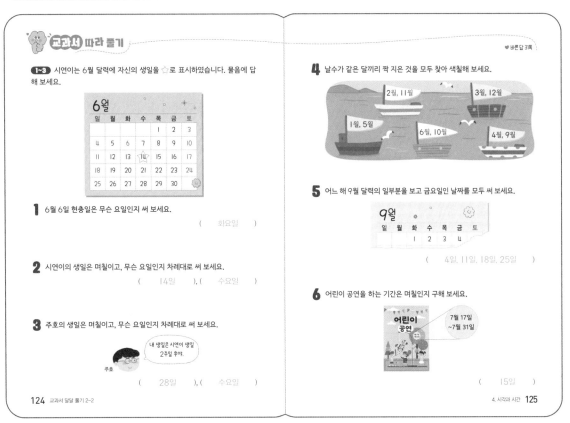

교과서 따라 풀기

♥ 바른답 31쪽

1~3 시연이는 6월 달력에 자신의 생일을 ☆로 표시하였습니다. 물음에 답해 보세요.

6월

일	월	화	수	목	금	토
					1	2	3
4	5	6	7	8	9	10
11	12	13	14	15	16	17
18	19	20	21	22	23	24
25	26	27	28	29	30	

1 6월 6일 현충일은 무슨 요일인지 써 보세요.

(화요일)

2 시연이의 생일은 며칠이고, 무슨 요일인지 차례대로 써 보세요.

(14일), (수요일)

3 주호의 생일은 며칠이고, 무슨 요일인지 차례대로 써 보세요.

내 생일은 시연이 생일
2주일 후야.

주호

(28일), (수요일)

124 교과서 달달 풀기 2-2

4 날수가 같은 달끼리 짝 지은 것을 모두 찾아 색칠해 보세요.

2월, 11월   3월, 12월
1월, 5월   6월, 10월   4월, 9월

5 어느 해 9월 달력의 일부분을 보고 금요일인 날짜를 모두 써 보세요.

9월

일	월	화	수	목	금	토
			1	2	3	4

(4일, 11일, 18일, 25일)

6 어린이 공연을 하는 기간은 며칠인지 구해 보세요.

어린이
공연

7월 17일
~7월 31일

(15일)

4. 시각과 시간 125

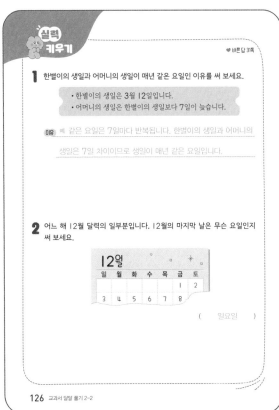

실력 키우기

♥ 바른답 31쪽

1 한별이의 생일과 어머니의 생일이 매년 같은 요일인 이유를 써 보세요.

- 한별이의 생일은 3월 12일입니다.
- 어머니의 생일은 한별이의 생일보다 7일이 늦습니다.

이유 예 같은 요일은 7일마다 반복됩니다. 한별이의 생일과 어머니의

생일은 7일 차이이므로 생일이 매년 같은 요일입니다.

2 어느 해 12월 달력의 일부분입니다. 12월의 마지막 날은 무슨 요일인지 써 보세요.

12월

일	월	화	수	목	금	토
					1	2
3	4	5	6	7		

(일요일)

126 교과서 달달 풀기 2-2

교과서 따라 풀기

3 14일부터 2주일 후는 28일이고, 수요일입니다.

5 $4+7=11$, $11+7=18$, $18+7=25$이므로 금요일인 날짜는 4일, 11일, 18일, 25일입니다.

6 7월 1일~7월 31일까지의 날수에서 7월 1일~7월 16일까지의 날수를 뺍니다.
➡ $31-16=15$(일)

실력 키우기

2 12월의 마지막 날은 31일입니다.
$31-7=24$, $24-7=17$,
$17-7=10$, $10-7=3$이므로
12월 31일은 3일과 같은 일요일입니다.

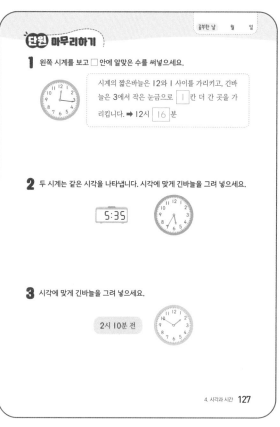

3 2시 10분 전은 1시 50분과 같습니다.
따라서 긴바늘이 10을 가리키도록 나타냅
니다.

5 130분=2시간 10분< 2시간 20분

6 봉사활동을 끝낸 시각은 4시 10분에서
3시간 후이므로 7시 10분입니다.

7 6시 30분에서 1시간 후는 7시 30분이고,
7시 30분에서 30분 후는 8시입니다.

8 시계의 긴바늘이 6바퀴 도는 데 걸리는 시
간은 6시간입니다.
따라서 오전 7시 40분에서 6시간이 지난
시각은 오후 1시 40분입니다.

9 • 화요일: 2일, 9일, 16일, 23일, 30일
• 금요일: 5일, 12일, 19일, 26일
따라서 자전거를 타는 날은 모두
5+4=9(일)입니다.

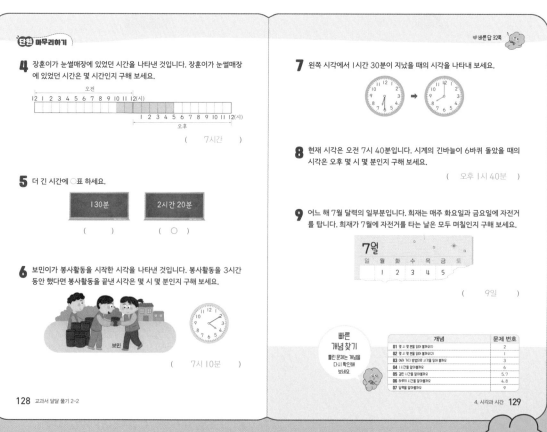

07 자료를 분류하여 표로 나타내 볼까요

개념 확인하기

1 (1) 도현, 주원 / 하윤, 정훈 (2) 2, 2, 8

교과서 따라 풀기

1~3 광수네 반 학생들이 좋아하는 동물을 알아보세요.

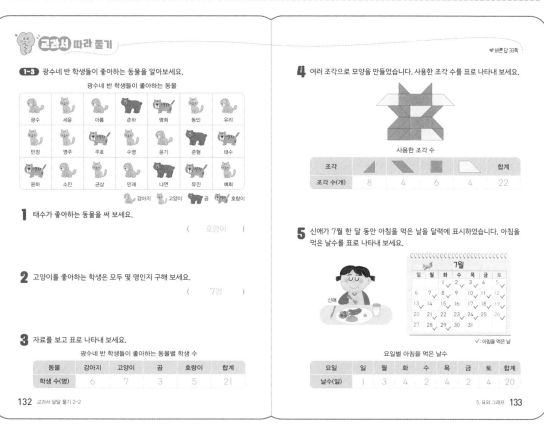

광수네 반 학생들이 좋아하는 동물

1 태수가 좋아하는 동물을 써 보세요.

(호랑이)

2 고양이를 좋아하는 학생은 모두 몇 명인지 구해 보세요.

(7명)

3 자료를 보고 표로 나타내 보세요.

광수네 반 학생들이 좋아하는 동물별 학생 수

동물	강아지	고양이	곰	호랑이	합계
학생 수(명)	6	7	3	5	21

바른 답 33쪽

4 여러 조각으로 모양을 만들었습니다. 사용한 조각 수를 표로 나타내 보세요.

사용한 조각 수

조각	◣	▱	⬡	▱	합계
조각 수(개)	8	4	6	4	22

5 신애가 7월 한 달 동안 아침을 먹은 날을 달력에 표시하였습니다. 아침을 먹은 날수를 표로 나타내 보세요.

7월

✓: 아침을 먹은 날

요일별 아침을 먹은 날수

요일	일	월	화	수	목	금	토	합계
날수(일)	1	3	4	2	4	2	4	20

실력 키우기

바른 답 33쪽

1~2 가위바위보를 하여 이겼을 때는 ○표, 졌을 때는 ✕표로 나타낸 것입니다. 물음에 답해 보세요. (단, 비긴 경우는 없습니다.)

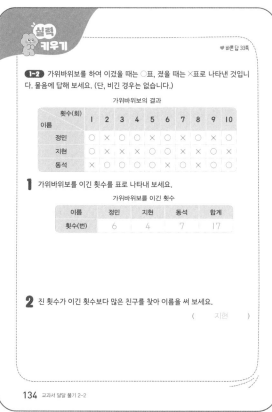

가위바위보의 결과

1 가위바위보를 이긴 횟수를 표로 나타내 보세요.

가위바위보를 이긴 횟수

이름	정민	지현	동석	합계
횟수(번)	6	4	7	17

2 진 횟수가 이긴 횟수보다 많은 친구를 찾아 이름을 써 보세요.

(지현)

교과서 따라 풀기

3 (합계)=6+7+3+5=21(명)

4 모양별 조각 수를 빠뜨리지 않고 세어 봅니다.
(합계)=8+4+6+4=22(개)

5 (합계)
=1+3+4+2+4+2+4=20(일)

실력 키우기

1 친구별로 ○표의 수를 세어 봅니다.

2 진 횟수를 각각 알아봅니다.
정민: 10−6=4(번)
지현: 10−4=6(번)
동석: 10−7=3(번)
따라서 진 횟수가 이긴 횟수보다 많은 친구는 지현이입니다.

02 자료를 조사하여 표로 나타내 볼까요

개념 확인하기

135쪽

1 (1) 종이에 적어 모으기에 색칠　(2) 2, 4, 9

교과서 따라 풀기

1 자료를 조사하여 표로 나타내려고 합니다. 차례대로 기호를 써 보세요.

> ㉠ 표로 나타내기　　㉡ 무엇을 조사할지 정하기
> ㉢ 조사할 방법을 정하기　㉣ 자료를 조사하기

ㄴ ➡ ㄷ ➡ ㄹ ➡ ㄱ

2~3 혜진이네 반 학생들이 등교하는 방법을 종이에 적어 칠판에 붙인 것입니다. 물음에 답해 보세요.

혜진이네 반 학생들이 등교하는 방법

2 혜진이네 반 학생들이 등교하는 방법은 모두 몇 가지인지 구해 보세요.

(　4가지　)

3 자료를 보고 표로 나타내 보세요.

혜진이네 반 학생들이 등교하는 방법별 학생 수

방법	지하철	자동차	버스	자전거	합계
학생 수(명)	6	5	4	3	18

바른답 34쪽

4 주사위를 굴려서 나온 눈이 다음과 같습니다. 나온 눈의 횟수를 표로 나타내 보세요.

주사위를 굴려서 나온 눈

주사위를 굴려서 나온 눈의 횟수

눈	·	··	···	····	·····	······	합계
횟수(번)	3	2	4	3	2	2	16

5 수현이의 학용품을 펼쳐 놓은 것입니다. 학용품 수를 표로 나타내 보세요.

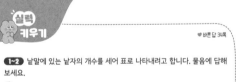

펼쳐 놓은 학용품 수

학용품	가위	지우개	자	풀	합계
학용품 수(개)	2	4	6	3	15

실력 키우기

바른답 34쪽

1~2 낱말에 있는 낱자의 개수를 세어 표로 나타내려고 합니다. 물음에 답해 보세요.

1 성현이의 말을 읽고 낱말에 있는 낱자의 개수를 세어 표로 나타내 보세요.

가방의 낱자는
ㄱ, ㅏ, ㅂ, ㅏ, ㅇ으로
5개야.

성현

낱말에 있는 낱자의 개수

낱말	낱자의 개수(개)	낱말	낱자의 개수(개)
가방	5	공책	6
창문	6	바다	4

2 1의 표를 보고 낱자의 개수별 낱말 수를 표로 나타내 보세요.

낱자의 개수별 낱말 수

낱자의 개수(개)	4	5	6	합계
낱말 수(개)	1	1	2	4

교과서 따라 풀기

4 (합계)
=3+2+4+3+2+2=16(번)

5 학용품 수를 각각 세어 보면 가위는 2개, 지우개는 4개, 자는 6개, 풀은 3개입니다.
➡ (합계)=2+4+6+3=15(개)

실력 키우기

1 • 창문: ㅊ, ㅏ, ㅇ, ㅁ, ㅜ, ㄴ ➡ 6개
　• 공책: ㄱ, ㅗ, ㅇ, ㅊ, ㅐ, ㄱ ➡ 6개
　• 바다: ㅂ, ㅏ, ㄷ, ㅏ ➡ 4개

2 낱자의 개수가 4개인 낱말은 바다, 낱자의 개수가 5개인 낱말은 가방, 낱자의 개수가 6개인 낱말은 창문과 공책입니다.

03 자료를 분류하여 그래프로 나타내 볼까요

139쪽

개념 확인하기

1 (1) 학생 수에 ○표　(2)

3	○			
2	○	○		
1	○	○	○	○

교과서 따라 풀기

1~2 종혁이네 반 학생들이 좋아하는 곤충을 조사하였습니다. 물음에 답해 보세요.

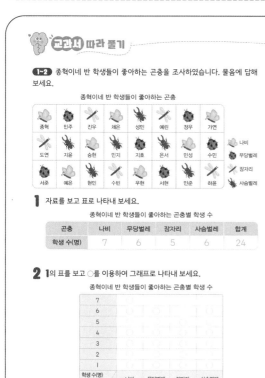

1 자료를 보고 표로 나타내 보세요.

종혁이네 반 학생들이 좋아하는 곤충별 학생 수

곤충	나비	무당벌레	잠자리	사슴벌레	합계
학생 수(명)	7	6	5	6	24

2 1의 표를 보고 ○를 이용하여 그래프로 나타내 보세요.

종혁이네 반 학생들이 좋아하는 곤충별 학생 수

7				
6				
5				
4				
3				
2				
1				
학생 수(명) / 곤충	나비	무당벌레	잠자리	사슴벌레

바른답 35쪽

3~5 누리네 반 학생들이 가고 싶은 산을 조사하여 표로 나타냈습니다. 물음에 답해 보세요.

가고 싶은 산별 학생 수

산	한라산	지리산	백두산	설악산	태백산	합계
학생 수(명)	4	7		6	2	22

3 백두산에 가고 싶은 학생은 몇 명인지 구해 보세요.

(3명)

4 표를 보고 /를 이용하여 그래프로 나타내 보세요.

가고 싶은 산별 학생 수

태백산							
설악산							
백두산							
지리산							
한라산							
산 / 학생 수(명)	1	2	3	4	5	6	7

5 4의 그래프를 보고 5명보다 많은 학생들이 가고 싶은 산을 모두 써 보세요.

(지리산, 설악산)

실력 키우기

바른답 35쪽

1 왼쪽 표는 재훈이네 학교 축구 경기에서 반별 승리 횟수를 조사하여 나타낸 표입니다. 표를 보고 그래프로 나타내려고 할 때 오른쪽 그래프를 완성할 수 없는 이유를 써 보세요.

반별 승리 횟수

반	1	2	3	합계
승리 횟수(번)	3	2	5	10

반별 승리 횟수

3				
2				
1		/		
반 / 승리 횟수(번)	1	2	3	4

이유 예 5번인 3반의 승리 횟수를 나타낼 수 없기 때문입니다.

2 현정이네 반 학생들이 하고 싶은 장기 자랑을 조사하여 그래프로 나타냈습니다. 조사한 학생이 20명일 때 그래프를 완성해 보세요.

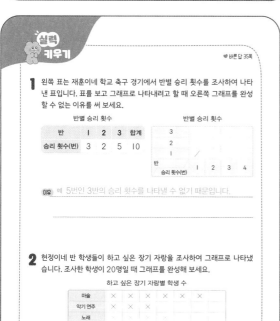

교과서 따라 풀기

3 (백두산에 가고 싶은 학생 수)
=22-4-7-6-2=3(명)

4 /를 왼쪽에서 오른쪽으로 한 칸에 하나씩 표시하여 가고 싶은 산별 학생 수를 나타냅니다.

5 5명보다 많은 학생들이 가고 싶은 산은 지리산(7명)과 설악산(6명)입니다.

실력 키우기

1 그래프의 가로를 5칸이나 5칸보다 많게 고쳐야 합니다.

2 (노래를 하고 싶은 학생 수)
=20-7-3-6=4(명)
따라서 ×를 왼쪽에서 오른쪽으로 빈칸 없이 4개 그립니다.

04 표와 그래프를 보고 무엇을 알 수 있을까요

143쪽

개념 확인하기

1 (위에서부터) 5, 4 / 여름

교과서 따라 풀기

1~3 진경이가 가지고 있는 블록을 조사하여 표로 나타냈습니다. 물음에 답해 보세요.

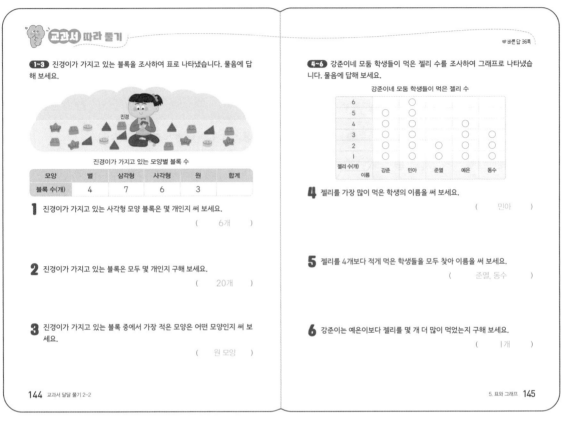

진경

진경이가 가지고 있는 모양별 블록 수

모양	별	삼각형	사각형	원	합계
블록 수(개)	4	7	6	3	

1 진경이가 가지고 있는 사각형 모양 블록은 몇 개인지 써 보세요.

(6개)

2 진경이가 가지고 있는 블록은 모두 몇 개인지 구해 보세요.

(20개)

3 진경이가 가지고 있는 블록 중에서 가장 적은 모양은 어떤 모양인지 써 보세요.

(원 모양)

바른 답 36쪽

4~6 강준이네 모둠 학생들이 먹은 젤리 수를 조사하여 그래프로 나타냈습니다. 물음에 답해 보세요.

강준이네 모둠 학생들이 먹은 젤리 수

젤리 수(개)\이름	강준	민아	준열	예은	동수
6					
5	○	○			
4	○	○			○
3	○	○		○	○
2	○	○	○	○	○
1	○	○	○	○	○

4 젤리를 가장 많이 먹은 학생의 이름을 써 보세요.

(민아)

5 젤리를 4개보다 적게 먹은 학생들을 모두 찾아 이름을 써 보세요.

(준열, 동수)

6 강준이는 예은이보다 젤리를 몇 개 더 많이 먹었는지 구해 보세요.

(1개)

실력 키우기

바른 답 36쪽

1 정은이가 가지고 있는 옷의 색깔을 조사하여 표로 나타냈습니다. 정은이가 가지고 있는 옷 중에서 가장 많은 색깔을 써 보세요.

정은이가 가지고 있는 색깔별 옷의 수

색깔	검은색	흰색	파란색	분홍색	합계
옷의 수(벌)	4	8	6		25

(흰색)

2 주사위를 던져서 나온 눈의 수를 조사하여 그래프로 나타냈습니다. 그래프에 대해 잘못 설명한 친구를 찾아 이름을 써 보세요.

나온 눈의 수별 횟수

횟수(번)\눈의 수	1	2	3	4	5	6
5				○		
4			○	○		
3	○	○	○	○		
2	○	○	○	○		○
1	○	○	○	○	○	○

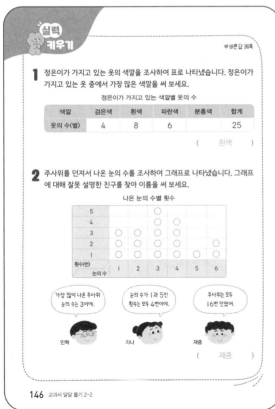

가장 많이 나온 주사위 눈의 수는 3이야.

눈의 수가 1과 5인 횟수는 모두 4번이야.

주사위는 모두 16번 던졌어.

민혁 지나 재중

(재중)

교과서 따라 풀기

3 3<4<6<7이므로 가장 적은 모양은 원 모양입니다.

5 젤리를 준열이는 2개, 동수는 3개 먹었습니다.

6 젤리를 강준이는 5개, 예은이는 4개 먹었습니다. ➡ 5−4=1(개)

실력 키우기

1 (분홍색 옷의 수)=25−4−8−6=7(벌)
따라서 8>7>6>4이므로 옷 중에서 가장 많은 색깔은 흰색입니다.

2 재중: 주사위는 모두
3+3+5+4+1+2=18(번) 던졌습니다.

05 표와 그래프로 나타내 볼까요

 **개념 확인하기**

147쪽

1 (왼쪽에서부터) 5, 3, 10 /

주스	/		/		/	
콜라		/		/		/
우유	/		/			

교과서 따라 풀기

1~2 수환이네 반 학생들의 성씨를 조사하였습니다. 물음에 답해 보세요.

수환이네 반 학생들의 성씨

최	김	박	이	김	정	이	이
박	이	김	이	박	이	최	김
김	박	이	최	정	김	이	박

1 수환이네 반 학생들은 모두 몇 명인지 구해 보세요.

(24명)

2 조사한 자료를 보고 ○를 이용하여 그래프로 나타내 보세요.

수환이네 반 학생들의 성씨별 학생 수

♥ 바른답 37쪽

3~5 어느 해 7월부터 10월까지 달력입니다. 물음에 답해 보세요.

3 달력에서 빨간색으로 표시된 날은 공휴일입니다. 달력을 보고 공휴일 수를 표로 나타내 보세요.

월별 공휴일 수

월	7	8	9	10	합계
공휴일 수(일)	4	5	8	6	23

4 **3**의 표를 보고 ×를 이용하여 그래프로 나타내 보세요.

월별 공휴일 수

5 공휴일이 가장 많은 달부터 차례대로 써 보세요.

(9월, 10월, 8월, 7월)

148 교과서 달달 풀기 2-2

5. 표와 그래프 149

실력 키우기

♥ 바른답 37쪽

1~2 영주네 반 학생들이 좋아하는 주스를 조사하여 나타낸 표와 그래프입니다. 물음에 답해 보세요.

좋아하는 주스별 학생 수

주스	사과	배	포도	귤	합계
학생 수(명)	5	6	4	3	18

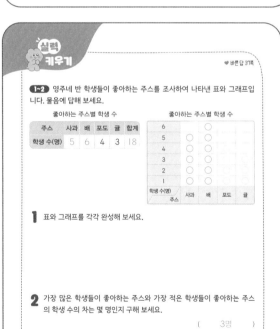

좋아하는 주스별 학생 수

1 표와 그래프를 각각 완성해 보세요.

2 가장 많은 학생들이 좋아하는 주스와 가장 적은 학생들이 좋아하는 주스의 학생 수의 차는 몇 명인지 구해 보세요.

(3명)

150 교과서 달달 풀기 2-2

교과서 따라 풀기

3 빨간색으로 표시된 날을 월별로 빠짐없이 세어 공휴일 수를 나타냅니다.
➡ (합계)=4+5+8+6=23(일)

5 공휴일 수를 비교하면 8>6>5>4이므로 공휴일이 가장 많은 달부터 차례대로 쓰면 9월, 10월, 8월, 7월입니다.

실력 키우기

1 표를 보고 그래프를 완성하고, 그래프를 보고 표를 완성합니다.
➡ (합계)=5+6+4+3=18(명)

2 배 주스: 6명, 귤 주스: 3명
➡ 6-3=3(명)

5. 표와 그래프 **37**

단원 마무리하기

단원 마무리하기

1~3 호영이와 친구들이 퀴즈에서 답을 맞힌 문제에 ○표, 틀린 문제에 ×표를 해서 나타낸 것입니다. 물음에 답해 보세요.

번호(번) 이름	1	2	3	4	5	6
호영	○	×	○	×	○	○
다해	○	○	×	○	○	○
승민	×	×	○	○	×	×
효정	×	×	×	×	○	○

1 승민이가 맞힌 문제는 몇 개인지 구해 보세요.

(3개)

2 맞힌 문제 수를 세어 표로 나타내 보세요.

학생별 맞힌 문제 수

이름	호영	다해	승민	효정	합계
맞힌 문제 수(개)	4	5	3	2	14

3 2의 표를 보고 ○를 이용하여 그래프로 나타내 보세요.

학생별 맞힌 문제 수

5				
4				
3				
2				
1				
맞힌 문제 수(개) 이름	호영	다해	승민	효정

단원 마무리하기

4 책장에 꽂혀 있는 책입니다. 종류별 책의 수를 표로 나타내 보세요.

종류별 책의 수

종류	동화	인물	과학	미술	합계
책의 수(권)	3	3	4	2	12

5~6 보민이네 반에서 반장 선거를 한 후 후보자별 얻은 득표수를 조사하여 그래프로 나타냈습니다. 물음에 답해 보세요.

후보자별 얻은 득표수

김시언	/	/	/	/	/		
한정민	/	/	/	/			
이종호	/	/	/	/	/	/	/
박보민	/	/	/				
후보자 득표수(표)	1	2	3	4	5	6	7

5 득표수가 가장 많은 후보자가 반장이 될 때 반장이 된 후보자는 누구인가요?

(이종호)

6 그래프를 보고 알 수 없는 내용을 찾아 기호를 써 보세요.

⑦ 득표수가 가장 적은 후보자를 알 수 있습니다.
ⓛ 득표수가 가장 많은 후보자부터 차례대로 정리할 수 있습니다.
ⓒ 보민이가 어떤 후보자에게 투표했는지 알 수 있습니다.

(ⓒ)

7~8 혜선이네 모둠 학생들이 바구니에 공을 10개씩 던졌을 때 바구니에 넣은 공의 수를 조사하여 나타낸 표와 그래프입니다. 물음에 답해 보세요.

바구니에 넣은 공의 수

이름	혜선	희철	정미	명호	합계
공의 수(개)	5	3	7	4	19

바구니에 넣은 공의 수

7			×	
6			×	
5	×		×	×
4	×		×	×
3	×	×	×	×
2	×	×	×	×
1	×	×	×	×
공의 수(개) 이름	혜선	희철	정미	명호

7 표와 그래프를 각각 완성해 보세요.

8 바구니에 넣은 공이 5개보다 적은 학생들은 모두 몇 명인지 구해 보세요.

(2명)

빠른 개념 찾기
틀린 문제는 개념을 다시 확인해 보세요

개념	문제 번호
01 자료를 분류하여 표로 나타내기	4
02 자료를 조사하여 표로 나타내기	1, 2
03 자료를 분류하여 그래프로 나타내기	3
04 표와 그래프를 보고 무엇을 알 수 있는지	5, 6
05 표와 그래프로 나타내기	7, 8

[오른쪽 풀이]

1 ○표를 세어 보면 승민이가 맞힌 문제는 3개입니다.

2 (합계)=4+5+3+2=14(개)

4 (합계)=3+3+4+2=12(권)

5 그래프에서 /이 가장 많은 후보자는 이종호입니다.

6 ⓒ 후보자별 얻은 득표수의 많고 적음은 알 수 있지만 누구에게 투표했는지는 알 수 없습니다.

7 그래프에서 희철이가 넣은 공의 수는 3개입니다.
따라서 정미가 넣은 공의 수는
19−5−3−4=7(개)입니다.

8 바구니에 넣은 공이 5개보다 적은 학생들은 희철(3개), 명호(4개)로 모두 2명입니다.

07 무늬에서 규칙을 찾아볼까요(1)

개념 확인하기

155쪽

1 (1) 노란색 (2) ● 에 ○표

교과서 따라 풀기

♥ 바른답 39쪽

1~2 그림을 보고 물음에 답해 보세요.

1 규칙을 찾아 빈칸을 완성해 보세요.

2 위의 그림에서 △는 1, □는 2, ♡는 3으로 바꾸어 나타내 보세요.

1	2	3	1	2	3	1	2
3	1	2	3	1	2	3	1
2	3	1	2	3	1	2	3

3 규칙을 찾아 □ 안에 알맞은 모양을 그리고 색칠해 보세요.

▲ ● ◆ ▲ ● ◆ ▲ □ ◆

4~5 벽에 타일을 규칙에 따라 놓았습니다. 물음에 답해 보세요.

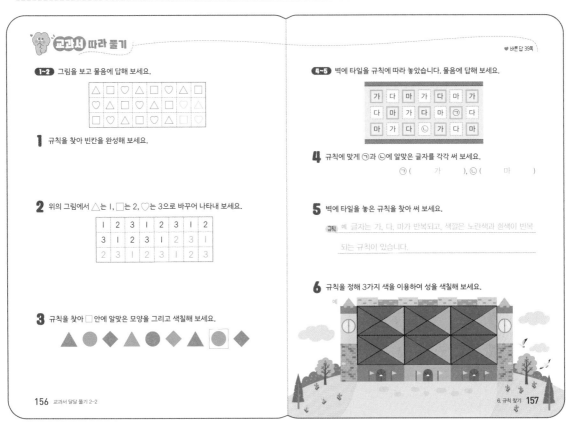

4 규칙에 맞게 ㉠과 ㉡에 알맞은 글자를 각각 써 보세요.

㉠ (가), ㉡ (마)

5 벽에 타일을 놓은 규칙을 찾아 써 보세요.

규칙 에 글자는 가, 다, 마가 반복되고, 색깔은 노란색과 흰색이 반복 되는 규칙이 있습니다.

6 규칙을 정해 3가지 색을 이용하여 성을 색칠해 보세요.

실력 키우기

♥ 바른답 39쪽

1 책상 위에 카드를 규칙에 따라 놓았습니다. 마지막에 놓을 카드는 어떤 색깔이고, 어떤 글자인지 차례대로 써 보세요.

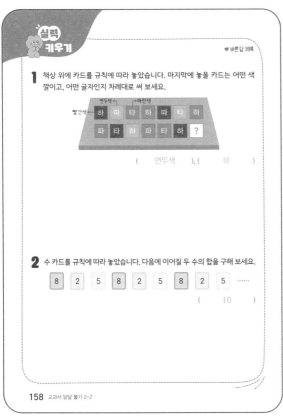

(연두색), (파)

2 수 카드를 규칙에 따라 놓았습니다. 다음에 이어질 두 수의 합을 구해 보세요.

8 2 5 8 2 5 8 2 5 ......

(10)

교과서 따라 풀기

4 글자는 가, 다, 마가 반복되는 규칙이 있습니다.
따라서 ㉠에 알맞은 글자는 가이고, ㉡에 알맞은 글자는 마입니다.

5 글자와 색깔의 규칙을 각각 찾아봅니다.

실력 키우기

1 색깔은 빨간색, 연두색, 파란색, 파란색이 반복되고, 글자는 하, 파, 타가 반복되는 규칙이 있습니다.
따라서 마지막에 놓을 카드는 빨간색 다음이므로 연두색이고, 글자 하 다음이므로 파입니다.

2 8, 2, 5가 반복되는 규칙이므로 5 다음에 이어질 두 수는 8, 2입니다. ➡ 8+2=10

개념 확인하기

159쪽

1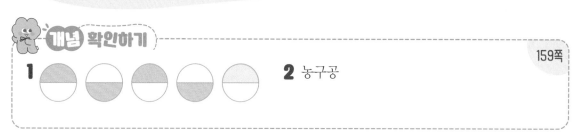

2 농구공

교과서 따라 풀기

♥ 바른답 40쪽

1 규칙을 찾아 ■를 알맞게 그려 넣으세요.

2 규칙을 찾아 그림을 완성해 보세요.

3 규칙을 찾아 다음에 이어질 알맞은 모양의 기호를 써 보세요.

(ⓒ)

4 구슬을 규칙적으로 실에 꿰고 있습니다. 규칙을 찾아 ㉠과 ㉡에 알맞은 구슬의 색깔을 각각 써 보세요.

시작 →
주황색 ← 초록색

㉠ (주황색), ㉡ (초록색)

5 규칙을 찾아 •을 알맞게 그리고, 규칙을 써 보세요.

규칙 예 •을 시계 반대 방향으로 옮겨 가며 그린 규칙이 있습니다.

6 흰색 바둑돌과 검은색 바둑돌을 규칙에 따라 놓고 있습니다. 규칙을 찾아 □ 안에 바둑돌을 알맞게 그리고, 규칙을 써 보세요.

규칙 예 흰색 바둑돌과 검은색 바둑돌이 반복되고, 흰색 바둑돌은 1개씩 늘어나는 규칙이 있습니다.

실력 키우기

♥ 바른답 40쪽

1 다희는 규칙에 따라 도미노를 세우고 있습니다. 다음에 세워야 하는 초록색 도미노는 몇 개인지 구해 보세요.

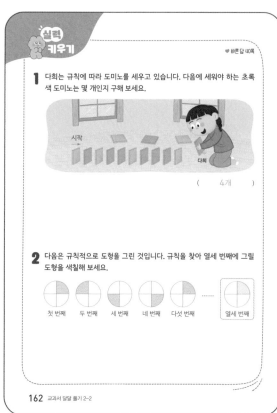

시작 →
다희

(4개)

2 다음은 규칙적으로 도형을 그린 것입니다. 규칙을 찾아 열세 번째에 그릴 도형을 색칠해 보세요.

첫 번째 두 번째 세 번째 네 번째 다섯 번째 …… 열세 번째

교과서 따라 풀기

4 주황색 구슬과 초록색 구슬이 각각 1개씩 늘어나는 규칙이 있습니다.

실력 키우기

1 노란색과 초록색 도미노가 반복되고, 초록색 도미노는 1개씩 늘어나는 규칙이 있습니다. 따라서 마지막 도미노가 노란색이므로 다음에 세워야 하는 초록색 도미노는 1개 더 늘어난 4개입니다.

2 오른쪽 위에서부터 시계 반대 방향으로 돌아가며 색칠한 규칙이고, 첫 번째 그림과 다섯 번째 그림이 같으므로 4개의 도형이 반복됩니다.
따라서 열세 번째 그림과 첫 번째 그림은 같으므로 오른쪽 위를 색칠합니다.

03 쌓은 모양에서 규칙을 찾아볼까요

163쪽

개념 확인하기

1 ㄱ에 ○표　　**2** 2

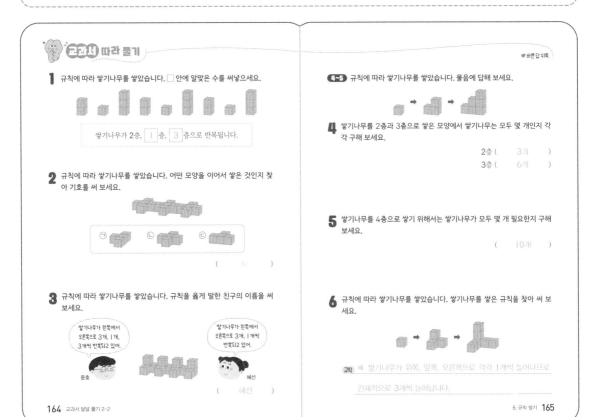

교과서 따라 풀기

♥바른답 41쪽

1 규칙에 따라 쌓기나무를 쌓았습니다. □ 안에 알맞은 수를 써넣으세요.

쌓기나무가 2층, ┃층, 3층으로 반복됩니다.

2 규칙에 따라 쌓기나무를 쌓았습니다. 어떤 모양을 이어서 쌓은 것인지 찾아 기호를 써 보세요.

㉠　㉡　㉢

(㉡)

3 규칙에 따라 쌓기나무를 쌓았습니다. 규칙을 옳게 말한 친구의 이름을 써 보세요.

쌓기나무가 왼쪽에서 오른쪽으로 3개, ┃개, 3개씩 반복되고 있어.

윤호

쌓기나무가 왼쪽에서 오른쪽으로 3개, ┃개씩 반복되고 있어.

혜선

(혜선)

4~5 규칙에 따라 쌓기나무를 쌓았습니다. 물음에 답해 보세요.

4 쌓기나무를 2층과 3층으로 쌓은 모양에서 쌓기나무는 모두 몇 개인지 각각 구해 보세요.

2층 (3개)
3층 (6개)

5 쌓기나무를 4층으로 쌓기 위해서는 쌓기나무가 모두 몇 개 필요한지 구해 보세요.

(10개)

6 규칙에 따라 쌓기나무를 쌓았습니다. 쌓기나무를 쌓은 규칙을 찾아 써 보세요.

규칙 에 쌓기나무가 위쪽, 앞쪽, 오른쪽으로 각각 ┃개씩 늘어나므로
전체적으로 3개씩 늘어납니다.

164 교과서 달달 풀기 2-2　　6. 규칙 찾기 165

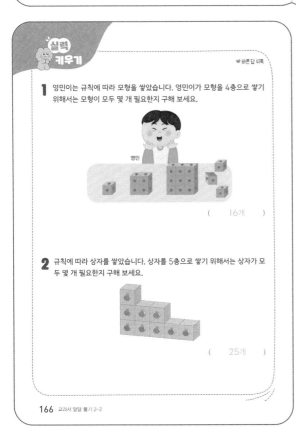

실력 키우기

♥바른답 41쪽

1 영민이는 규칙에 따라 모형을 쌓았습니다. 영민이가 모형을 4층으로 쌓기 위해서는 모형이 모두 몇 개 필요한지 구해 보세요.

영민

(16개)

2 규칙에 따라 상자를 쌓았습니다. 상자를 5층으로 쌓기 위해서는 상자가 모두 몇 개 필요한지 구해 보세요.

(25개)

166 교과서 달달 풀기 2-2

교과서 따라 풀기

4 • 2층: 2+┃=3(개)
 • 3층: 3+2+┃=6(개)

5 (필요한 쌓기나무의 수)
 =4+3+2+┃=10(개)

실력 키우기

1 • ┃층: ┃×┃=┃(개)
 • 2층: 2×2=4(개)
 • 3층: 3×3=9(개)
 • 4층: 4×4=16(개)

2 아래층으로 갈수록 상자가 2개씩 늘어나고 있습니다.
 ➡ (필요한 상자의 수)
 　=┃+3+5+7+9=25(개)

04 덧셈표에서 규칙을 찾아볼까요

개념 확인하기

167쪽

1 ㅣ / ㅣ

교과서 따라 풀기

♥바른답 42쪽

1~3 덧셈표를 보고 물음에 답해 보세요.

+	4	5	6	7	8
4	8	9	10	11	12
5	9	10	11	12	13
6	10	11	12	13	14
7	11	12	13	14	15
8	12	13	14	15	16

1 빈칸에 알맞은 수를 써넣어 덧셈표를 완성해 보세요.

2 □ 안에 알맞은 수를 써넣으세요.

> ■■으로 칠해진 수는 ＼ 방향으로 갈수록
> 2 씩 커지는 규칙이 있습니다.

3 ■■으로 칠해진 수의 규칙을 찾아 써 보세요.

> 규칙 예 아래쪽으로 내려갈수록 ㅣ씩 커지는 규칙이 있습니다.

168 교과서 달달 풀기 2-2

4~5 덧셈표를 보고 물음에 답해 보세요.

+	0	3	6	9
1	1	4	7	10
4	4	7	10	13
7	7	10	13	16
10	10	13	16	19

4 빈칸에 알맞은 수를 써넣어 덧셈표를 완성해 보세요.

5 덧셈표에서 규칙을 찾아 써 보세요.

> 규칙 예 같은 줄에서 오른쪽으로 갈수록 3씩 커지는 규칙이 있습니다.

6 덧셈표에서 규칙을 찾아 빈칸에 알맞은 수를 써넣으세요.

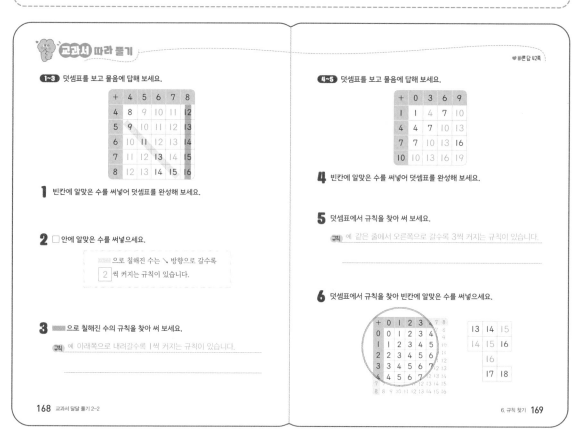

13	14	15
14	15	16
16		
17	18	

6. 규칙 찾기 169

실력 키우기

♥바른답 42쪽

1 덧셈표에서 ㉠, ㉡, ㉢ 중 가장 큰 수를 찾아 기호를 써 보세요.

+	6	7	8	9
6	12	13	14	㉠
7	13	㉡	15	16
8	14	15	16	17
9	15	16	㉢	18

(㉢)

2 나만의 덧셈표를 만들고, 만든 덧셈표에서 규칙을 찾아 써 보세요.

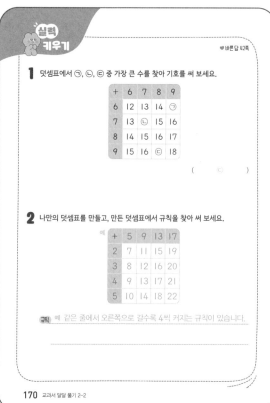

> 규칙 예 같은 줄에서 오른쪽으로 갈수록 4씩 커지는 규칙이 있습니다.

170 교과서 달달 풀기 2-2

교과서 따라 풀기

5 같은 줄에서 아래쪽으로 내려가도 3씩 커지는 규칙이 있습니다.

6 오른쪽으로 갈수록 ㅣ씩 커지고, 아래쪽으로 내려갈수록 ㅣ씩 커지는 규칙을 이용하여 빈칸에 알맞은 수를 써넣습니다.

실력 키우기

1 ㉠=6+9=15   ㉡=7+7=ㅣ4
㉢=9+8=ㅣ7
따라서 ㅣ7>ㅣ5>ㅣ4이므로 가장 큰 수는 ㉢입니다.

2 덧셈표에서 색칠된 부분의 수를 자유롭게 정하여 덧셈표를 완성하고, 규칙을 찾아봅니다.

05 곱셈표에서 규칙을 찾아볼까요

개념 확인하기

171쪽

1 3 / 짝수

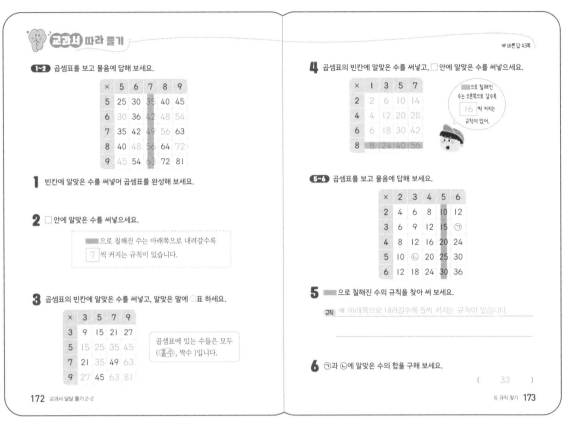

교과서 따라 풀기

♥바른답 43쪽

1~2 곱셈표를 보고 물음에 답해 보세요.

×	5	6	7	8	9
5	25	30	35	40	45
6	30	36	42	48	54
7	35	42	49	56	63
8	40	48	56	64	72
9	45	54	63	72	81

1 빈칸에 알맞은 수를 써넣어 곱셈표를 완성해 보세요.

2 □ 안에 알맞은 수를 써넣으세요.

■■■으로 칠해진 수는 아래쪽으로 내려갈수록
7 씩 커지는 규칙이 있습니다.

3 곱셈표의 빈칸에 알맞은 수를 써넣고, 알맞은 말에 ○표 하세요.

×	3	5	7	9
3	9	15	21	27
5	15	25	35	45
7	21	35	49	63
9	27	45	63	81

곱셈표에 있는 수들은 모두
(홀수), 짝수)입니다.

172 교과서 달달 풀기 2-2

4 곱셈표의 빈칸에 알맞은 수를 써넣고, □ 안에 알맞은 수를 써넣으세요.

×	1	3	5	7
2	2	6	10	14
4	4	12	20	28
6	6	18	30	42
8	8	24	40	56

■■■으로 칠해진
수는 오른쪽으로 갈수록
16 씩 커지는
규칙이 있어.

5~6 곱셈표를 보고 물음에 답해 보세요.

×	2	3	4	5	6
2	4	6	8	10	12
3	6	9	12	15	㉠
4	8	12	16	20	24
5	10	㉡	20	25	30
6	12	18	24	30	36

5 ■■■으로 칠해진 수의 규칙을 찾아 써 보세요.

규칙 에 아래쪽으로 내려갈수록 5씩 커지는 규칙이 있습니다.

6 ㉠과 ㉡에 알맞은 수의 합을 구해 보세요.

(33)

6. 규칙 찾기 173

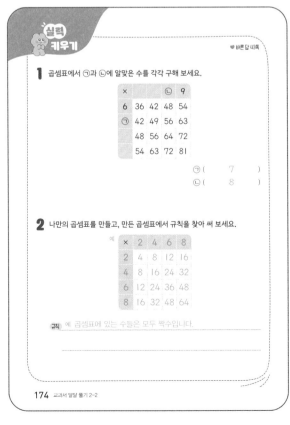

실력 키우기

♥바른답 43쪽

1 곱셈표에서 ㉠과 ㉡에 알맞은 수를 각각 구해 보세요.

×		㉡	9
6	36	42	48	54
㉠	42	49	56	63
	48	56	64	72
	54	63	72	81

㉠ (7)
㉡ (8)

2 나만의 곱셈표를 만들고, 만든 곱셈표에서 규칙을 찾아 써 보세요.

예

×	2	4	6	8
2	4	8	12	16
4	8	16	24	32
6	12	24	36	48
8	16	32	48	64

규칙 예 곱셈표에 있는 수들은 모두 짝수입니다.

174 교과서 달달 풀기 2-2

교과서 따라 풀기

4 8, 24, 40, 56이므로 16씩 커지는 규칙이 있습니다.

6 ㉠=3×6=18
㉡=5×3=15
➡ ㉠+㉡=18+15=33

실력 키우기

1 ·㉠×9=63이므로 ㉠에 알맞은 수는 7입니다.
·6×㉡=48이므로 ㉡에 알맞은 수는 8입니다.

2 곱셈표에서 색칠된 부분의 수를 자유롭게 정하여 곱셈표를 완성하고, 규칙을 찾아봅니다.

6. 규칙 찾기 **43**

06 생활에서 규칙을 찾아볼까요

개념 확인하기

175쪽

1 (1) **I** (2) **3** (3) **2**

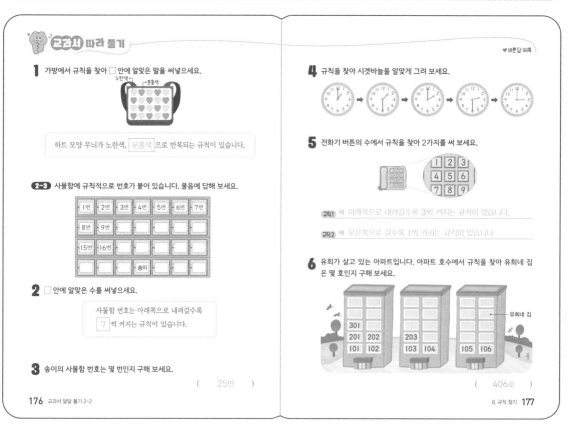

교과서 따라 풀기

♥ 바른 답 44쪽

6 유희네 집은 4층이고, 왼쪽에서부터 여섯 번째에 있으므로 406호입니다.

실력 키우기

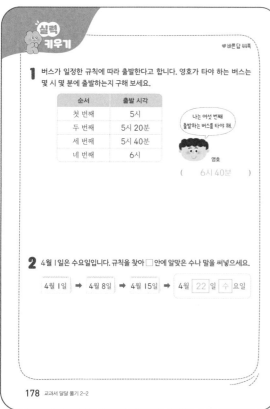

1 버스는 5시부터 20분마다 출발하는 규칙이 있습니다.
따라서 다섯 번째 버스는 6시 20분, 영호가 타야 하는 여섯 번째 버스는 6시 40분에 출발합니다.

2 날짜가 7씩 커지는 규칙이 있습니다.
따라서 15+7=22(일)이고, 모든 요일은 7일마다 반복되므로 4월 22일은 수요일입니다.

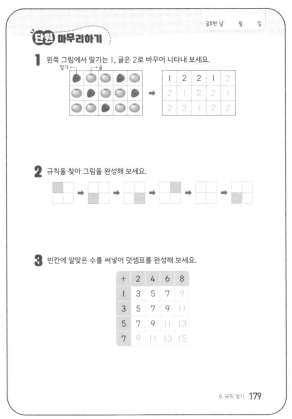

단원 마무리하기

1 왼쪽 그림에서 딸기는 1, 귤은 2로 바꾸어 나타내 보세요.

2 규칙을 찾아 그림을 완성해 보세요.

3 빈칸에 알맞은 수를 써넣어 덧셈표를 완성해 보세요.

+	2	4	6	8
1	3	5	7	9
3	5	7	9	11
5	7	9	11	13
7	9	11	13	15

6. 규칙 찾기 **179**

2 분홍색으로 색칠되어 있는 부분이 시계 반대 방향으로 돌아가고 있습니다.

4 같은 요일은 7일마다 반복됩니다.

5 ㉢ ╱ 방향으로 갈수록 6씩 커지는 규칙이 있습니다.

6 • 네 번째: 5+1=6(개)
 • 다섯 번째: 6+1=7(개)

7 1층에서부터 블록 4개와 3개를 반복하여 쌓은 규칙입니다.
따라서 5층에는 블록 4개, 6층에는 블록 3개를 쌓아야 합니다.

8 ㉠=4×7=28
㉡=5×4=20
㉢=7×5=35
➡ ㉠-㉡+㉢=28-20+35
=8+35=43

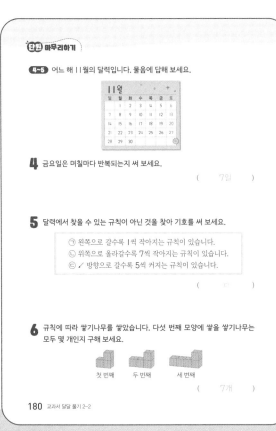

단원 마무리하기

4~5 어느 해 11월의 달력입니다. 물음에 답해 보세요.

4 금요일은 며칠마다 반복되는지 써 보세요.
(7일)

5 달력에서 찾을 수 있는 규칙이 아닌 것을 찾아 기호를 써 보세요.

㉠ 왼쪽으로 갈수록 1씩 작아지는 규칙이 있습니다.
㉡ 위쪽으로 올라갈수록 7씩 작아지는 규칙이 있습니다.
㉢ ╱ 방향으로 갈수록 5씩 커지는 규칙이 있습니다.

( )

6 규칙에 따라 쌓기나무를 쌓았습니다. 다섯 번째 모양에 쌓을 쌓기나무는 모두 몇 개인지 구해 보세요.

첫 번째 　두 번째 　세 번째
(7개)

🍃 바른 답 115쪽

7 지현이는 규칙에 따라 블록을 쌓고 있습니다. 지현이가 5층과 6층에 쌓아야 할 블록은 각각 몇 개인지 구해 보세요.

지현

5층 (4개), 6층 (3개)

8 곱셈표에서 ㉠-㉡+㉢의 값을 구해 보세요.

×	4	5	6	7
4	16	20	24	㉠
5	㉡	25	30	35
6	24	30	36	42
7	28	㉢	42	49

(43)

빠른 개념 찾기

틀린 문제는 개념을 다시 확인해 보세요

개념	문제 번호
01 무늬에서 규칙을 찾아볼까요(1)	1
02 무늬에서 규칙을 찾아볼까요(2)	2
03 쌓은 모양에서 규칙을 찾아볼까요	6, 7
04 덧셈표에서 규칙을 찾아볼까요	3
05 곱셈표에서 규칙을 찾아볼까요	8
06 생활에서 규칙을 찾아볼까요	4, 5

6. 규칙 찾기 **181**

메모

메모